The Calculus Wars

Newton, Leibniz and the Greatest Mathematical Clash of All Time

谁是剽窃者

牛顿与莱布尼茨的微积分战争

〔美〕 杰森·苏格拉底·巴迪 著

(Jason Socrates Bardi)

张菀　齐蒙 译

上海社会科学院出版社

Shanghai Academy of Social Sciences Press

图书在版编目（CIP）数据

谁是剽窃者：牛顿与莱布尼茨的微积分战争 /（美）杰森 · 苏格拉底 · 巴迪著；张菀，齐蒙译. —上海：上海社会科学院出版社，2017

书名原文：The Calculus Wars: Newton, Leibniz, and the Greatest Mathematical Clash of All Time

ISBN 978-7-5520-1931-5

Ⅰ. ①谁… Ⅱ. ①杰… ②张… ③齐… Ⅲ. ①微积分－数学史－世界－普及读物 Ⅳ. ①O172-091

中国版本图书馆 CIP 数据核字（2017）第 048607 号

启蒙文库系启蒙编译所旗下品牌

The Calculus Wars: Newton, Leibniz, and the Greatest Mathematical Clash of All Time
Copyright © 2006 by Jason Socrates Bardi
Published in the United States by Thunder's Mouth Press,
An Imprint of Avalon Publishing Group , Inc., New York
published in agreement with the author,c/o BAROR INTERNATIONAL, INC., Amonk, New York, U.S.A. through Chinese Connection Agency, a Division of the Yao Enterprises, LLC.

上海市版权局著作权合同登记号：图字09-2017-122

谁是剽窃者：牛顿与莱布尼茨的微积分战争

著　　者：〔美〕杰森 · 苏格拉底 · 巴迪
译　　者：张　菀　齐　蒙
责任编辑：庄晓明
出 版 人：缪宏才
出版发行：上海社会科学院出版社
上海顺昌路 622 号　　邮编 200025
电话总机 021-63315900　　销售热线 021-53063735
http://www. sassp.org.cn　　E-mail: sassp@sass.org.cn
印　　刷：上海新文印刷厂
开　　本：890 × 1240 毫米　1/32 开
印　　张：9. 75
插　　页：4
字　　数：185 千字
版　　次：2017 年 6 月第 1 版　　2017 年 6 月第 1 次印刷

ISBN 978-7-5520-1931-5/O · 002　　定价：45. 00 元

版权所有 翻印必究

本书印制质量、编校差错、宣传等事宜，请电邮联系 qmbys@qq.com

牛顿雕像，位于剑桥大学三一学院教堂

莱布尼茨雕像，位于维也纳自然历史博物馆

目　录

中文版序言(胡作玄) …………………………………………… I

前言……………………………………………………………… 1

第一章　彩色的梦想(1704) ………………………………… 7

第二章　战争中的孩子们(1642—1664) …………………… 21

第三章　发明却不发表(1664—1672) ……………………… 33

第四章　佩尔事件(1666—1673) …………………………… 59

第五章　交流还是窃取(1673—1677) ……………………… 83

第六章　谁先发表微积分(1678—1687) ………………… 110

第七章　美好还是可恶(1687—1691) …………………… 133

第八章　暗中较劲(1690—1696) ………………………… 149

第九章　挑起事端(1696—1708) ………………………… 176

第十章　该由谁举证(1708—1712) ……………………… 194

第十一章　莱布尼茨的反击(1713—1716) ……………… 212

第十二章　谁胜谁负(1716—1728) ……………………… 243

第十三章　尾声 …………………………………………… 259

文献叙要 ………………………………………………… 265

参考文献 ………………………………………………… 276

译名对照表 ……………………………………………… 281

中文版序言

虽说"人民创造历史",本人还是相信英雄科学史观。科学在历史上的作用毋庸置疑,而科学的历史能离开大科学家吗!要不为什么科学史家及普通老百姓总在争论,谁是近代科学之父,谁是最伟大的科学家。对于前一问题,有人说是哥白尼,有人说是伽利略,本人认为当然是牛顿。对于后一问题,有人说是达尔文,有人说是爱因斯坦,本人依然认为是牛顿。这类似乎无聊的争论300年来一直存在,因为这种见仁见智的问题的确推动了我们对当事人进行学术上的深入研究,不了解牛顿和莱布尼茨,微积分战争也无从谈起。

300多年来,对于牛顿的研究早已成为专门的学问。当今世界公认研究牛顿的四大权威是:科恩、霍尔、韦斯特福尔和怀特塞德。这些大权威也不是由我说了算,他们有著作摆在那里,而这些著作是讨论有关牛顿的任何问题时,不能不去参考的。举例来讲,科恩有他的《自然哲学的数学原理》的最新英译本以及《牛顿剑桥指南》,它们都是在21世纪出版的。霍尔的主要著作有《哲学家的战争》,他还是7卷《牛顿通信集》的编辑之一。韦斯特福尔写过牛顿最详实的传记，而怀特塞德则几乎只手编辑八大卷《牛顿数学论文集》。

通过这些研究，我们对牛顿的一生事业可以有一个全面的概括：他不仅是位数学家，更重要的是一位大科学家，更具体讲是力学家、物理学家、天文学家。从现代的角度看，而且是实验家以及仪器的改进者。牛顿还是过去常说的“社会活动家”，他担任过皇家学会会长，还干过国会议员，也当过造币厂厂长，后来还升任造币局局长。奇怪的是，这些只占了他不到一半的时间，他大部分时间用在集中研究自己感兴趣的东西上：《圣经》与炼金术。也许现代读者会惋惜他浪费时间实在太多，甚至还可以再追问：牛顿干脆就是一个炼金术士？

“微积分战争”的另一主角莱布尼茨在知识广博和活动的丰富多彩方面也不逊于牛顿。比起数学家的头衔，莱布尼茨更以哲学家著称。经过罗素等人的研究，莱布尼茨应该是符号逻辑（或数理逻辑）以及符号学的先驱，这些领域更具有当前信息时代的特征，他还制造出最早的数字计算机，也印证了这点。他的二进制思想以及对中国的兴趣当然更引起我们的关注。莱布尼茨的活动包括当外交官，为德国宫廷编纂历史，管理图书馆，乃至为了筹款开矿。他还筹建普鲁士科学院，这里后来成为接纳18世纪两位最伟大的数学家——欧拉和拉格朗日的地方。莱布尼茨的寿命比牛顿短14岁，然而，他的文稿至今还没有完全整理出来，他涉及的领域几乎囊括当时的全部知识，使后人只能分工加以研究。幸运的是，莱布尼茨的数学著作已在19世纪编辑出版。

上面的简短介绍只是要说明:虽然我们讨论的是"微积分战争",可是发明微积分只是牛顿和莱布尼茨各自成就的一部分,他们和他们各自的粉丝为此而打仗,争夺发明权,指责对手是剽窃者,是因为微积分太重要了。

"微积分战争"不是争夺权力、资源、财富,也不是出于宗教信仰、意识形态、阶级斗争、民族压迫、种族歧视等动机,它似乎更是一种为某种价值观和个人尊严的战争。如果你仔细研究牛顿的生平,你会觉得牛顿在这场战争中表现恶劣。可是,从整个历史来看,牛顿所起的积极和进步的作用,真可以使这些问题不值一提。在牛顿的时代,数学并不能使人升官发财,甚至于发表自己的著作也要自己掏腰包。因此,他那高深的著作也就是给有兴趣的同行看看。看得懂看不懂,则另当别论。当时也确实有一些好心人热衷于传播知识,自己不一定精通却介绍给大家,使大家都受益。另外,还有 1662 年成立的伦敦皇家学会,开会时也有直接的交流,这种的形式上的交流方式立刻产生两种反应:一是对学术问题有不同意见,有些不知所云的人也要说上两句;二是优先权的问题。在当时,这两方面的争论都会伤害到当事人,尤其是后者。一旦没有了优先权,就会在普通群众中产生出"剽窃"的恶名,而这在学术界是项大罪。因此,当有些好事者挑动事端,维护自己声誉及尊严的战争就不可避免。

牛顿智商过高而情商太低,他不会处理这类事情,尤其是学术问题和优先权问题搅在一起时。前期他采取逃避的态度,主要是胡克什么人都攻击(莱布尼茨也没逃过)。胡克一去世,他才开始发表自己的数学著作,这更激起了他与莱布尼茨的对立。两人差不多旗鼓相当。这主要由于约翰·伯努利抓到了《数学原理》中的一个错误,这样许多问题就说不清了(2011年还有数学史论文专门探讨这个问题)。莱布尼茨在1716年去世后,牛顿就大肆进攻,在这方面丝毫不留余地。英国的用点派和欧洲大陆的用d派由此分道扬镳。(牛顿用带点字母表示流数[微分],莱布尼茨用d表示微分,牛顿与莱布尼茨之争演变成了英国科学界与德国乃至整个欧洲大陆科学界的对抗。——译者注)

要知道,牛顿可不止莱布尼茨这一个对手。胡克是头一个,惠更斯和他在光学方面也对着干,而牛顿表现最恶劣的是同天文学家弗拉姆斯蒂德的对抗,他利用职权压制他人,看起来有点像当代的学霸。弗拉姆斯蒂德最后烧毁了一多半自己的成果,可谓拼死反抗。哲学家的战争看来对谁都没有好处。

还好,牛顿和莱布尼茨这两位老光棍一生大体上都还顺利,都留下不少积蓄,他们去世之后也受到极高的崇敬。特别是牛顿,他在18世纪成了仅次于上帝的人。

英美一向是科学史研究的大国,出版了许多通俗化的历史书。对微积分战争这段公案,巴迪《谁是剽窃者》这本书作了非常详细和客观的描述,学术上严谨扎实,史料丰富;写作上又通俗流畅、引人入胜,是一部十分难得的佳作。

胡作玄

于北京顺义

前　言

十八世纪初，德国最伟大的数学家戈特弗里德·威廉·莱布尼茨（1646—1716）和英国最伟大的数学家艾萨克·牛顿爵士（1642—1726）之间即将爆发一场激烈的战争，这场战争持续超过10年，直到他们各自去世。这场战争中，他们都宣称自己才是微积分的创立者。微积分是数学分析的基础，为我们提供了一套测算包括几何图形、行星绕太阳运行的轨迹在内的各种曲面面积的通用方法。微积分是十七世纪最伟大的知识遗产之一。牛顿在1665至1666年间（他创造力最强的一段时间）创立了这一数学方法。当时牛顿还是一名年轻的剑桥学生，他离开了老师和同学，回到自己的乡村住所。牛顿在乡下度过了两年几乎与世隔绝的生活，这段时间里，他不停地做实验，潜心于思考支配宇宙的物理法则。牛顿在这两年中创建的科学体系或许是其他任何一个科学家在同样短的时间内都无法完成的。他在几乎各个科学领域都有重大发现，如现代光学、流体力学、潮汐物理、运动定律、万有引力定律等。

最重要的是，牛顿创立了称之为流数法的微积分。但牛顿在其大半生的时间里，却并没有将这一发明公之于世，而仅仅是将自己的私人稿件在朋友之间传阅。牛顿直到发明微积分 10 年之后，才正式出版相关著作。

莱布尼茨则是在晚 10 年之后的 1675 年才发明微积分，那段时间是他最为多产的一个时期，当时他住在巴黎。莱布尼茨在接下来的十年里不断完善这一发现，创立了一套独特的微积分符号系统，并于 1684 年和 1686 年分别发表两篇关于微积分的论文。莱布尼茨虽晚于牛顿发明微积分，但他发表微积分的著作却早于牛顿。正是因为这两篇论文，莱布尼茨才得以宣称自己是微积分的第一创始人。微积分意义是如此重大，到 1700 年，莱布尼茨在整个欧洲被公认为是当时最伟大的数学家。

莱布尼茨和牛顿都说自己才是微积分真正的创始人，现在则普遍认为两人各自独立创立了微积分，都是微积分的发明人。微积分可算是自古希腊以来数学史上最大的进步，两人都为之做出了重大贡献。现代学者或许愿意共享这一巨大的荣耀，但是莱布尼茨和牛顿在发明微积分的归属权上却互不相让。十七世纪末，莱布尼茨和牛顿的支持者均指责对方行为不当。十八世纪的前二十年，微积分战争正式地爆发了。

莱布尼茨曾看过牛顿早期的研究，牛顿因此认定莱布尼茨剽窃了自己的成果,他开始最大限度地利用自己的声望来攻击莱布尼茨。牛顿声称莱布尼茨知道自己首先发明了微积分,他能证明这一点。依靠自己多年建立的巨大声望,牛顿指使亲信撰文攻击莱布尼茨。牛顿的支持者们暗示莱布尼茨偷窃了牛顿的理念,并帮着牛顿反驳各种回应和指责。牛顿这么做并非出于纯粹的恶意或嫉妒,而是他的确相信莱布尼茨偷窃了他的成果。在他看来,这场关于微积分的战争是恢复自己名誉以及夺回自己最重要的学术成果的好机会。

莱布尼茨也毫不退让,任何人都不会对这样的攻击置之不理。在支持者的帮助下,莱布尼茨奋起反击。莱布尼茨宣称事实的真相是牛顿借用了他的理念;他积极联络欧洲的学者们,一封接一封写了许多信为自己辩护。莱布尼茨还匿名发表了多篇为自己辩护以及攻击牛顿的文章。他甚至将争论引入到政府层面,甚至是英国国王那里。

微积分战争日趋激烈,牛顿和莱布尼茨以公开或秘密的形式相互攻击。他们要么请人代写评论,要么发表匿名文章。两人都是享誉欧洲的学者,都尽可能地利用各自的声望号召人们支持自己。当时的学者由此分成两个对立的阵营。两人都收集了大量的证据,写了大量证明自己观点的文章。每次读到对方的指控时两人都会怒不可遏。如果不是莱布尼茨在 1716 年去世,这场争端将会持续更久。在某种意义上,莱布尼茨的离世并未结束微积分战争,因为牛顿并未停止“战斗”,仍继续发表攻击性的文章。

孰对孰错？牛顿似乎有充足的理由声称是他首先发明了微积分，并且成功地说服了人们。在牛顿去世时，不仅是英国，整个欧洲都承认他早于莱布尼茨发明微积分。

英国国家肖像馆至今还挂着一幅著名的牛顿肖像，这幅肖像是克内勒·高德弗利爵士1702年所画的。肖像描绘了一个中年男人，披着棕色学术袍，衣领却是蓝色的。在画像中，牛顿的眼睛显得又大又圆，还有些许眼袋。画家在他的脸颊，鼻子和额头上点缀粉色，他的脸色则有些泛蓝。经过这些色彩的渲染，牛顿的表情似乎显得不那么严峻了，但你仍然很难想象，画像中的人笑起来会是什么样。

真相到底如何呢？牛顿确实比莱布尼茨早十年发明微积分，但这并不足以说明牛顿就是微积分的创立者。莱布尼茨同样有权争取微积分的创立权。莱布尼茨独立地发展了微积分。更重要的是，他首先发表了有关微积分的著作；他对微积分的研究比牛顿更加深入；他创立了远远优于牛顿的微积分符号，这些符号沿用至今。他花费数年时间将微积分发展成一个方便所有人使用的完整的数学架构。因此，我们可以这样说，莱布尼茨的微积分方法对数学史做出的贡献要大于牛顿。

莱布尼茨和牛顿如果在另一种情形下相遇，他们可能会成为朋友。他们阅读相同的书籍，研究的同样是当时最重大的数学和哲学问题。莱布尼茨与众多欧洲学者保持着稳定的通信关系，牛顿也是其中之一。但莱布尼茨和牛顿从未碰过面，他们之间的交流仅限于几封书信往来，年轻时有几封、中年一封，晚年更只有一封短信。但是,他们之间的通信前后跨越了几十年。

在微积分战争爆发之前,莱布尼茨和牛顿没有多少直接交流的机会,但他们对彼此的欣赏一直都溢于言表。或许正是因为堆砌了太多的溢美之词,在翻脸后彼此的攻击也就愈加刻薄。许多作家,包括史学家和传记作者,都认为微积分战争毫无意义,是不幸的,甚至很荒谬。为了赢得这场争论,莱布尼茨和牛顿后来变得无所不用其极,充分展示两人身上不好的一面。他们真实的另一面与人们心目中抱负远大、淡泊名利、勤奋、多产的天才形象很难联系起来。

话虽如此,微积分战争还是令后人着迷,因为牛顿和莱布尼茨上演了历史上最重大的知识产权斗争。牛顿和莱布尼茨,英国和德国数学界的两位元老和巨人,在这场激烈的战争中充分展示了他们卓越的才智、高傲的个性,甚至是疯狂的一面。但归根到底,这场战争让我们看到了人性的真实。

第一章　彩色的梦想

(1704)

一丝不苟的(meticulous)、不可思议的(miraculous)、荒谬的(ridiculous)、难以置信的(fabulous)、模糊不清的(nebulous)、平民大众(populace)、人口众多的(populous)、小心谨慎的(scrupulous)、刺激(stimulus)、胆小的(tremulous)、肆无忌惮的(unscrupulous)——这些是英文中与“微积分”押韵,相同音素最多的单词

——摘自韦氏在线词典

三百年前,一个不知名的英国出版社发行了一本名为《光学》的书。《光学》只印制了几百册,但它的出版却改写了科学史。这本书的作者是退休的剑桥教授艾萨克・牛顿,他同时还是一名不大不小的政府官员。当时牛顿已年过六十,无论在英国还是欧洲都颇有名望。但此时他的声望还没有达到巅峰,还

未到为人们景仰膜拜的程度,他在当时还算不上英国科学界元老级的权威人物。几年后,牛顿成了英国数学界、科学界的老大,俨然是人们心目中的科学之神。从许多方面看,正是《光学》一书成就了牛顿,将他推到了近于神的高度。

《光学》记录了牛顿通过多年实验得出的结论:光的基本物理特性,及由此推导得出的光学原理。《光学》描述了光怎样为棱镜和透镜所折射,并由此推导出新的光学理论:光由光粒子组成,白光则由不同颜色的光束混合而成。

这部划时代的科学著作出版后,立即在科学界引起强烈反响,该书无论在英国还是英国以外的国家都广受好评。该书之所以能以如此清晰的语言阐述光学原理,是因为作者对这一科学领域有全面、深入的研究。的确,牛顿在这一领域的研究时间长达数十年。《光学》深入浅出、明白易懂,很容易被人们理解和接受,以至成为下一个世纪主要的物理学教材。随后,人们对《光学》进行了补充和完善,不断将它重印,并译成了拉丁文。《光学》流传到法国和欧洲大陆的其他地区。人们甚至以手抄本的形式传阅该书。爱因斯坦曾写道,《光学》出现之后,人们要等上一个多世纪才能见到物理学领域的下一个重大理论飞跃。《光学》是物理学的经典著作,至今仍是人们学习物理的常用教材。

《光学》出版一年后,牛顿的科学生涯进入最辉煌篇章。他受到学者们和普通民众的顶礼膜拜,甚至国王也对他推崇备至。1705 年,英国女王安妮授予牛顿爵位。在国外,牛顿也声名日隆,被人们奉为欧洲最权威的自然哲学家,是活着的传奇人物。许多人慕名而来,期待与他结识,近的来自欧洲各地,远的来自北美殖民地。1725 年,十九岁的富兰克林曾想和牛顿会面,但没能成功。四十年后,富兰克林在自己的肖像中将牛顿作为背景。

《光学》标志着物理学新时代的开始,同时也标志着一个时代的结束。作为实验科学家,牛顿早已过了黄金年龄,不再是友人口中那个孤独、沉默、冷静的小伙子。当年他没日没夜地工作,忘记吃饭,忘记洗漱,眼中只有书、笔记和实验。他不再像当年那样整天思考这个世界及其运作的原理了——从重力到星球运行轨迹,从流体到潮汐,从革命性的数学到光和颜色的本质。他一生大部分的成果都收录在 1687 年出版的《自然哲学的数学原理》(简称《原理》)一书中,这本书出第二版时他年事已高,此时教学工作和社会事务占据了他大部分时间。

1704 年,牛顿已不再担任剑桥教授,此时他居住在伦敦,在此度过人生中最后的三十年。他掌管着英国造币厂,每天的工作就是监督锻造货币。牛顿以一贯的科学研究精神全身心投入到新的工作中。他仔细研究造币工作的每个流程,如机器、工人、锻造方法等,从金银成分分析到防范伪币制造,每个环节他都精通,成了高水平的造币专家。牛顿掌管着整个造币厂,在某种程度上讲,他有了一个自己能支配的独立空间,这为他整理并出版《光学》一书提供了便利。

《光学》的出版酝酿已久,该书的出版对牛顿来说是一种精神宣泄。书中几乎没有任何新的东西,大部分材料都以各种形式记录在牛顿四十多年来的笔记和论文中。有些来自年轻时在剑桥教学的课堂讲义，有些选自与英国皇家学会友人的信件。不过，1704 年前很少有人看过牛顿在光学方面的研究成果。

一个叫作约翰·沃利斯的数学家看过牛顿在光学方面的成果，大为叹服，多年来一直劝说牛顿正式发表它们。沃利斯认为若不发表这些成果，不仅埋没了牛顿，对国家也是损失。1695 年 4 月 30 日，沃利斯在给牛顿的一封信中以埋怨的口气写道："你所说的不发表那篇关于光和颜色的论文的理由是站不住脚的。你说你还不敢发表它们，为什么不敢呢？如果现在不发表，你打算等到什么时候？"

遗憾的是，当牛顿的《光学》终于正式出版时，沃利斯已经去世了。为什么牛顿踌躇了这么久才最终发表自己的成果？原因很多，最重要的，也许是他第一次试图发表它们时栽了跟头。十七世纪七十年代早期，当时还是剑桥大学年轻教授的牛顿，把他关于光的理论写在信中，寄给位于伦敦的皇家学会以供成员阅读。《光和颜色的新理论》发表在 1672 年 2 月 19 号的《哲学学报》上，在这封信中，年轻的牛顿以充满自信的语气将他大胆的新理论介绍给科学界的同仁。

对牛顿来说，《光和颜色的新理论》本应该是他学术生涯的"第三幕"，是他已完成的研究中的巅峰之作。到 1672 年，他已经花了几年的时间来完善新理论，将他对光学的设想转化成有充分根据的科学理论。牛顿的光学理论这时已不再是初时的设想，他已经准备进行总结，为这项研究画上句号。但是牛顿完全没料到,他的新理论会引起轩然大波,巨大的争议向他席卷而来。他立刻后悔发表了他的光学理论。牛顿既没想到同仁们会如此难以接受这种新的理念,也没想到自己会受到持旧观念的同行如此强烈的抵抗。

牛顿的光学新理论威胁到了一些同仁,包括比他更知名的前辈科学家,如英国科学家罗伯特·胡克。这使得牛顿学术生涯的"第三幕"不仅没能精彩谢幕,他还被卷入与胡克等人尖刻的论战中,以至于他此后二三十年都不再发表他的光学成果,甚至还告诉过一个同事,他宁愿死后再发表它们。

熬过了三十年,1703 年 3 月胡克终于去世,同年 11 月牛顿当选为伦敦皇家学会主席。所谓时过境迁,此时牛顿在科学界可说是位高权重,一言九鼎,发表《光学》被提上议事日程。该书是牛顿发表的最后一篇原创性的科学成果,不过它也是另一场争论的开始。在《光学》中,牛顿第一次公开正式声明,他才是微积分的发明者。在当时的欧洲,大部分人都认为微积分是由汉诺威公爵的法律顾问,德国数学家和哲学家戈特弗里德·威廉·莱布尼茨创立的。

《光学》中的大部分内容其实与数学无关,该书仅仅在附录中收录了一篇名为《曲线求积法》的涉及微积分的论文。这篇论文写于 1691 年,源于牛顿与苏格兰数学家詹姆斯·格雷戈里的一次通信。格雷戈里将自己准备发表的数学方法寄给牛顿,向他征求意见。牛顿的论文最初是一封给格雷戈里的回信,但他很快对其进行了完善和补充。到 1692 年,这篇文章已足以让牛顿的密友和数学家同仁侧目了。牛顿把当年的材料缩短后加到《光学》一书中。听起来或许很奇怪,附录中的这篇文章居然是他发表的第一篇纯数学论文。要知道牛顿当时已经是著名的大数学家。

1665年至1666年是牛顿最富创造力的时期,他正是在这段时间里发明了微积分。为了躲避一场极为猖獗的黑死病疫情,当时还是剑桥学生的牛顿回到乡村住所,在那里继续学习和研究。牛顿原本打算同时发表他的微积分和光学研究,但1672年发表光和颜色理论的经历,让他遭受如此大的打击,以至于牛顿发誓不发表自己的科学成果,也不发表微积分论文。直到晚年,地位崇高,已是今非昔比的牛顿才第一次发表微积分的文章。不过在发表这些文章之前,牛顿给朋友寄去了论文副本。他还在日记中记下了大量从未给任何人看过的研究成果。因此,在牛顿的大半生里,他都没有发表数学研究的核心成果。

对急于公布研究成果的当代学术界而言,延迟几个月发布微积分这样重大的知识成果都是不可想象的,更不用说延迟几年甚至几十年了。更奇怪的是,作为一个有时自信到狂妄地步的人,牛顿怎么会不发表微积分这么重要的科学发现呢。要知道,微积分是十七世纪最伟大的知识遗产之一。

微积分究竟是什么?作为一种知识体系,微积分是数学分析的一个分支,人们用它来研究变量——例如运动中的物体。简单地说,微积分是一组数学工具,用来分析运动中的物体。无论是什么运动(如云的移动,全球定位卫星绕地球的运行轨道,或艾滋药物与目标酶的交互作用),科学家们都可以运用微积分方程式来分析、预测、跟踪它们,并为这些运动构建出相应的数学模型。

微分是变量瞬间增加或减少,积分是几何曲线或图形在无穷小区间内求和。这是什么意思?用现代语言形象地描述,就是:棒球从投手手中掷出到它被接球手接住所划出的曲线。在微积分中,你能用一个变量表示另一个变量。棒球手投出一个完美的快球,雷达只能记录最高速度,但几何学却可以提供更多的信息——例如球随时间的位移。物理学可以让我们知道另一个方面的数据,如球在空中所受阻力,球在重力的作用下能达到的最高点,球的旋转对投掷曲线曲率的影响。微积分是用数学方法分析移动和改变的物体,换句话说,根本不需要投球就可以用微积分算出上述所有问题的答案。

类似的曲线运动便是微积分的研究领域。球的位置,速度和轨迹每时每刻都在变化,如果每0.01秒抓拍一张照片,就可以用时间表示球的位置。在时间零点,球在球员手指边,零点几秒过去后,球达到最高点并开始下降,0.1秒后球落到好球区右下角的接球者手套中——完美的滑球(棒球运动术语。——译者注)。牛顿可能会将棒球运动分解成一个个的变量。

当然在十七世纪,没人在乎棒球是什么。但理解棒球的位置、速度和轨迹的不断变化,是我们理解所有处于运动中的物体的物理特性的基础。照此而论,微积分是自古希腊以来最伟大的数学进步。这些问题让古希腊人深感困扰。例如,古希腊数学家就很难理解变化的加速度这个概念,因为加速度是速度的变化与发生这一变化所用时间的比值,而速度是位置的变化和发生此位移所用时间的比值。

微积分解决了几何学中一些最难的问题。牛顿并非将这些问题概念化的第一人,他也不是第一个成功地运用数学方法解决这些问题的人。前人曾用穷尽法的方式计算几何图形的面积——把不规则的图形分为无数个三角形,矩形或其他容易计算面积的图形,然后求和。用这种方法,阿基米德算出了抛物线包含的面积和球面面积。

十七世纪,开普勒沿用了阿基米德的方法,将圆形分为无限多个无限小的三角形。采用这种方法,开普勒算出了许多阿基米德没有考虑过的几何图形的面积和体积。有趣的是,致使开普勒这样做的部分原因是,1612 年葡萄酒的产量很好,人们却找不到什么好办法估算酒桶的体积。伽利略的一个在博洛尼亚担任数学教授,叫作卡瓦列里的朋友也想出了一个解决不规则图形的办法;他将线想象成无限多个点,将面想象成无数多条线,将立方体想象成无数多个面。

笛卡尔发明的解析几何可能是自古希腊时期以来人们对数学做出的最为重大的贡献(微积分是其后的一次重大突破)。简单来说,笛卡尔向人们展示了可以用代数方程来表示几何中的线、面和各种形状,反之亦然。解析几何是一项重大的发明,因为它的出现使人们可以通过数学方程来分析几何图形。

紧随其后的一些数学家也在这一领域做出了贡献。如图卢兹的议会顾问皮埃尔·费马,他最有名的发现是求最大值、最小值、作曲线的切线的方法。这种方法是如此接近微积分,以至于到了十八世纪,有人说费马才是微积分的创始人。

巴黎的神童布莱兹·帕斯卡也想出了类似的方法,在十六岁时,帕斯卡就发表了他那篇重要的关于锥线论的论文。研究几何图形和体积的还有法国人吉尔·佩尔索纳·德·罗伯瓦尔,他发现了求切线的通用方法。伽利略的学生托里切利并不知道罗伯瓦尔的工作,他用无穷小法得出的类似结论,并公开发表了自己的结论。苏格兰数学家詹姆斯·格雷戈里在 1668 年确定了三角函数的积分。约翰·沃利斯出版了《无穷算数》一书,该书改进和发展了卡瓦列里的理论,在此基础上得出若干新的结论。荷兰人胡德发现了求极大极小值的方法。惠更斯找到了如何求极大极小值,以及曲线拐点的方法。1670 年,巴罗发表了求切线的方法。勒内·弗朗西斯·德·司鲁思在 1673 年发表了相似内容的论文。

这些成果都被称为“微分和积分的个别实例”,上述这些数学家和更多的我们没有提到的数学家,都是微积分的先驱。而牛顿是第一个想出通用数学方法体系的人,他的方法(即微积分,或他所说的流数法)可以普遍的解决这类曲面求和的问题。但不幸的是,他不是唯一想出这种方法的人。

1672 年至 1676 年,莱布尼茨是在巴黎度过的。在这几年中莱布尼茨取得了丰硕的学术成果——在此期间他发明了微积分。尽管莱布尼茨是一名律师,没有接受正式的数学教育,但他同时也是个数学的狂热爱好者。他潜心研究了当时所有最新的数学发现,仅用了几年就创立了微积分。因为莱布尼茨更喜欢简洁的说明而不是术语,他设计了一套全新和巧妙的符号系统。

在接下来的十年,莱布尼茨不断改进这一发现,进一步优化符号系统,分别于1684和1686年发表了两篇学术论文。正是这两篇论文让莱布尼茨能够宣称自己是微积分的创立者。在这两篇论文发表到牛顿《光学》发表之间的二十年,他不断完善自己的微积分方法,与其他数学家保持通信,指导其他数学家,对他人发表的相关著作进行评论,帮助提升微积分在各个领域的应用技巧。英文中的"微积分"一词就是莱布尼茨发明的,意思是罗马人用来计数的小石子。

微积分无疑是一项有着光明前景的重大发明。当牛顿1704年正式发表《曲线求积法》一文(收录在《光学》附录中)时,就发表时间而言,莱布尼茨已足足领先他二十年。在这场战争中,牛顿显然处于弱势,他要从莱布尼茨手中抢回荣誉,谈何容易。十几年来,莱布尼茨在欧洲被普遍认为是微积分唯一的创始人,他也因此一直独享由此而来的盛誉。一些人甚至认为牛顿剽窃了莱布尼茨的成果。唯一没有广泛采用莱布尼茨的数学方法的地方是英国。显然,部分原因是英国人不太重视外国期刊,这并不影响莱布尼茨在欧洲大陆的名气。

英吉利海峡对面就是德国腹地,莱布尼茨在德国正处在名望顶峰——不仅由于他的数学天赋,还因为他的哲学成就。

《光学》附录中的这篇论文无声地揭开了微积分战争的序幕,它就像一根雷管,引爆了莱布尼茨和牛顿之间压抑已久的嫉妒和怨气。牛顿默默忍受了多年耻辱,此时他就像是一座随时要爆发的火山。

另一方面,《曲线求积法》并不是第一篇提出牛顿是微积分真正的发明者的文章,但它的发表却意味着牛顿第一次在自己的作品中表明态度,莱布尼茨无法对此置之不理。1705 年,一份与莱布尼茨有着密切关系的欧洲期刊刊登了一篇对牛顿论文的匿名评论,这篇评论更加激化了两人的矛盾。在牛顿和他的支持者们看来,评论的意思似乎是指英国人借用了莱布尼茨的理念。莱布尼茨至死都否认他是这篇文章的作者,到十九世纪,一位莱布尼茨的传记作者考证出,确实就是他所写。这也算不上什么惊人的秘密,因为当时几乎所有人都认为莱布尼茨就是该文的作者,特别是牛顿。

自从牛顿读了这篇评论,便开始与莱布尼茨就微积分的发明权进行了旷日持久的争夺战。直到莱布尼茨于 1716 年去世。甚至在牛顿本人死后,他们之间的战争都没有结束。牛顿主要采取了两种手段,其一,直接暗示莱布尼茨才是剽窃者;其二,坚持声明他是首先发明微积分的人。牛顿写道:“到底莱布尼茨先生是在我之后独立创立了微积分,还是从我这里得到灵感,都并不重要,因为第二发明者是没有任何权利的。”

莱布尼茨可不会对这些指控无动于衷。莱布尼茨极力拉拢欧洲学者,他接连给他们写了许多封信为自己辩护。他写了好几篇攻击牛顿的匿名评论，和自己的论文一起发表。不仅如此，他还对这些匿名评论进行再评论。

《光学》发表十年后，微积分战争发展到最激烈的阶段。他们公开交恶，都宣称对方是剽窃者，自己才是微积分真正的发明人。他们的信件和私人文件中大量充斥着对对方的才能和诚信的尖刻评论。

牛顿和莱布尼茨到1704年才开始公开辩论，但在四分之一个世纪之前，他们都还很年轻时，这场争论的伏笔就早已埋下。牛顿和莱布尼茨生活在一个有趣的年代，时代背景在他们的争论中扮演了重要角色。这个时期人与人之间不仅仅是名利会产生冲突，观念与观念间也会发生许多冲突。在十七世纪下半叶的欧洲，传统的世界观已不再是不容置疑的教条，而是可以辩论的主题。数百年来人们公认的许多信仰都被革命性的科学测量和实验推翻了——从中世纪的废墟中诞生了近代社会。

十七世纪初，中世纪欧洲迅速衰落，但欧洲大陆的大部分人仍相信巫术和迷信而不是自然科学。当时大多数人都相信有天使和魔鬼的存在，相信他们是超自然的，能主宰人类命运。十七世纪的人们相信占星术，并利用它来寻找各种预示命运的征兆，他们相信解梦和奇迹。人们是否有罪由占卜而不是调查决定。炼金术师试图将铅炼成金子。占星家和天文学家在皇宫中平起平坐。人们认为，黑暗的魔法是真实存在的。人们经常因为被怀疑使用了巫术而被系住拇指吊起鞭打、折磨，甚至处以极刑。十七世纪大约共有十万人被指控使用巫术。正是在这样的背景下,一小部分学者开始用科学和数学推理来描述世界。

十七世纪也是一个政治动荡的年代。随着强大国家的崛起,民族认同感和民族主义逐渐增强。许多国家变成统治者的个人财产。路易十四曾说过一句名言:"朕即国家。"照这样的观点,王公们的腐败和敛财也就不足为奇了。十七世纪九十年代,这位法国统治者将爵位出卖给任何出得起价钱的人。实际上在十七世纪,头衔和爵位已成为可以买卖和交易的商品,买卖官爵在欧洲各国都是普遍现象。十七世纪初期,英王詹姆斯一世出售了如此多的爵位,以至于其价格大大降低——任何商品变得不再稀缺后都会这样。

尽管在十七世纪人们相信超自然力量,统治者任人唯亲,政局动荡。但这一时期却出现了一些历史上最伟大的思想家,人们在科学和数学领域取得了重大的突破。这一百年间,发生了人类文明史上前所未有的知识爆炸。例如,发现了光学和声学的基本原理;对地球直径做出了误差不超过几码的估算;准确地测出了光速;用望远镜追踪到土星和金星周围的小卫星,发展出复杂的现代太阳系系统,并借助牛顿的研究成果,准确地用数学方程将这一系统表达出来;人们精确而详细地绘制出人体血液循环图;发明了显微镜,并由此观察到细胞以及肉眼看不到的微生物世界。

由于这些奇迹般的成就,十七世纪的许多人都希望在知识领域有所建树。正如某位史学家所说的:"这一时期的西方人拥有历史上前所未有的信心,他们相信仅凭自己的逻辑思维,就可以解决自身以及人类存在的所有问题。”

尽管如此,我们一定要记住微积分和其他重大的知识发展背后严峻的社会环境。如果说十七世纪给了我们什么启发,那就是历史并不总是以渐进的方式发展的。这是一个混乱的、时好时坏的世纪,既有令人振奋的进步又有令人沮丧的倒退;既有最伟大的天才又有最残酷的专制;既充满了创造的可能性又有残忍的迫害。在我看来,十七世纪就像是一盒巧克力和一辆失事列车的混合物——既让人们品尝到自然科学柔滑、甜美、刺激的味道,又把人们笼罩在瘟疫、宗教迫害、饥荒和战争的阴影中。

第二章　战争中的孩子们

（1642—1664）

> 众所周知，过去许多年来，罗马帝国一直为内部的争斗和分裂所困扰，混乱的状况越来越严重，以致整个德国及其邻国（特别是法国）都被卷入一场长久且残酷的战争及其造成的混乱之中。
>
> ——《威斯特伐利亚和约》（1648）

莱布尼茨成长在备受战争摧残的地区，饱尝战争带来的不幸和痛苦。他出生于欧洲历史上最黑暗的时期——恐怖的“三十年战争”。这一绝望而萧条的时期持续了整整三十年。这场战争如此持久、祸害广泛，许多欧洲国家都参与其中——丹麦、西班牙、法国、瑞典——为了争夺政治利益和德国领土。战争持续得实在太久，以致结束时，为何而战已无关紧要了。重要的是战争结束时，德国已经支离破碎，不再是一个完整的国家。

为这场战争买单的不是出兵的参战国而是被战争蹂躏的地区。这场战争的代价是巨大的。在三十年战争期间,攻克城池和据点变得越来越困难,第一次出现了大规模的、组织良好的常备军。因此,欧洲军队扩张到自凯撒大帝以来的最大规模——军队开始大量招募雇佣兵。如此规模的军队意味着要为成千上万人配置装备,要填饱他们的肚子,最重要的是,还要支付给他们酬劳。

在三十年战争期间,洗劫从偶尔发生的事件变成了一种惯例,士兵们靠劫掠城池来弥补他们微薄的收入。更有甚者,一些参战国竟明目张胆地将劫掠列为军规。例如,瑞典军队就是靠劫掠来维持军队的,他们做得十分"成功",瑞典 1633 年的军费只相当于 1630 年军费的一小部分。瑞典军不是唯一这样做的。一个名叫马洛斯·弗里森涅戈尔的巴伐利亚僧侣嘲弄道:"1633 年 9 月 30 日,又有一队西班牙皇家骑兵经过,新征入伍的士兵虽然对军队纪律一无所知,却精通勒索和抢劫。"

这种行为并不只限于普通士兵。在被占领的地区中,军队的各级官员也会运用手中的权力尽力搜刮财物。华伦斯坦在 1632 年签约成为西班牙军队将军,他就保留了在占领地没收土地和赦免犯人的权力。

1646 年,当莱布尼茨出生时,战争已接近尾声。他生于莱比锡城,正是战争的中心地带。莱比锡的南方就是洛肯镇。在莱布尼茨出生的十二年前,1632 年 11 月 16 日,这里发生了一场最血腥的战斗,五千人被杀,其中包括瑞典国王古斯塔夫·阿道夫，他是在一场雾中与敌人进行遭遇战而阵亡的。

莱布尼茨出生后两年，参战各国签署了《威斯特伐利亚和约》，战争终于结束了。这个和约被认为达成了“符合基督教精神的世界和平”，和约赦免了所有的战犯。如果和约体现了仁慈的精神，那么战争则刚好相反。成千上万的城镇被夷为废墟，据估计，德国有三分之一的房屋被毁，人口损失更为惨重，大概有四分之一的人被杀，许多人都遭受了最残酷的虐待。例如，1638年的布莱萨赫围城战中，人们愿意用珍贵的毛皮和宝石换取一千克小麦。据文献记载，布莱萨赫攻坚战期间爆发了严重饥荒。人们开始吃各种动物，味道好的肉类涨成了天价，难以下咽的肉类同样进入交易市场并被人们吃掉。“许多老鼠都以高价出售，猫和狗几乎被吃光了。”后来，居民们开始吃人。

食人可能是对三十年战争最形象的比喻——欧洲吞食了自己。一个叫威廉·克劳恩的人 1636 年途经德国，他记录道：“从科隆到法兰克福 ，所有的镇子、村庄和城堡都被抢劫一空，然后被放火烧光。”工业和贸易直到十八世纪才得以恢复，有人说德国整整倒退了一百年。

1646 年 6 月 1 日早晨六点四十五分，莱布尼茨出生在位于莱比锡大学附近的家中，他的父母是弗里德里希·莱布尼茨和凯瑟琳娜·施姆克，两人品行端正，受过良好教育。凯瑟琳娜的父亲是莱比锡城有名的律师，弗里德里希是莱比锡大学的伦理学教授兼哲学教职会副主席，他结过三次婚，凯瑟琳娜比他小许多，是他的第三任妻子。凯瑟琳娜是个尽职尽责的母亲，将全部心血倾注在戈特弗里德和他妹妹身上。

传说莱布尼茨在洗礼池前睁开了眼睛,他的父亲认为这预示着儿子将来会拥有美好的人生。“我认为这是一种明确的象征,预示着这个孩子将会有不同寻常的经历,”弗里德里希说道,“我的儿子将不畏艰难,昂首前进……他一定能取得伟大的成就。”莱布尼茨后来曾说过,他早在五岁时就在学习上显示出过人天赋,父亲说他的前途一片光明。不幸的是,莱布尼茨的父亲并没有亲眼见到自己对儿子的期望变成现实,他于1652年过世,此时莱布尼茨才六岁。

老弗里德里希留下的遗产中有一个图书室,但莱布尼茨一直被禁止进入图书室,直到他与语法学校校长之间发生了一次“意外事件”。某天莱布尼茨捡到高年级学生丢失的书本,他开始读了起来,恰巧让校长看见了。校长非常吃惊,虽然这书对高年级来说是好教材,但他认为这是成人的读物,不是莱布尼茨这个年纪的孩子应该读的。校长约见了莱布尼茨的母亲,要求她立刻没收莱布尼茨的书,若不是在这时恰巧有一位“贵人”相助,莱布尼茨甚至有可能留级。“一位四处游历的饱学之士,”莱布尼茨这样描述道,“他看不惯校长的嫉妒或者愚蠢,他认为校长这样的人总喜欢用自己的标准衡量他人。这位贵人认为,用无知和严厉的手段压制一个处于萌芽期的天才是极不公平和令人无法容忍的。”

这位贵人与校长争辩,他说男孩对高年级的书感兴趣正意味着他有过人的才智,他应该被鼓励而非遏制。随后他又说服了莱布尼茨的亲友们，说不仅不该惩罚莱布尼茨，还应该让他在闲暇时尽情阅读图书馆的书。“解禁后我实在高兴极了，就像发现宝藏一般”，许多年后莱布尼茨在个人自述中这样说道。莱布尼茨在八岁时获准进入父亲的书房，他在这里发现了西塞罗、普林尼、塞内卡、希罗多德、色诺芬、柏拉图以及其他许多人的著作。他可以自由地阅读经典的拉丁著作，还有形而上学和神学方面的书。“我贪婪地读着它们”，莱布尼茨说。

独自在书房中与书为伍，使莱布尼茨养成了深思和独立学习的习惯，这让他一生受用。莱布尼茨花大量的时间研究图书室里的珍宝，他看的拉丁文书籍比辩论营中的法律预科学生还多。多年后他得意地说，自己在十二岁时，“已经能够完全看懂拉丁文书籍，开始学说希腊语，并能写出不错的诗了”。莱布尼茨的拉丁文极好，据说十一岁时，他就能用这门古老的语言在几小时内完成一项有难度的写作任务了。当时他要顶替一位生病的同学用拉丁文写一首长诗。“我把自己关在房里，”莱布尼茨说到，“仅花了一个早晨就一口气完成了这首诗，那是一首三百字的步韵诗，得到了老师的表扬。”

在早期的学校教育中，莱布尼茨并未接触数学。莱布尼茨的数学完全是自学的。这一点他与牛顿是相同的。莱布尼茨和牛顿还有另一个相似之处，牛顿同样出生在一片遭受磨难的土地上。

十七世纪，英国与其他欧洲大陆的国家有很大不同，似乎是欧洲国家中的异类，它未卷入“三十年战争”。英国在地理位置上与大陆的隔绝使它免受战争的蹂躏。当时,欧洲大陆国家权力正逐渐向最高统治者集中,但英国已经经历了权力高度集中时期,相反地,英国君主正面临失去权力的危险,而不是进一步强化权力。

牛顿出生时,英王查理一世地位岌岌可危。事实上,他正失去这个国家的控制权。准确地说,国王正在与议会争夺权力。查理一世不愿意国王的权力受到限制,他相信君权神授和王权的至高无上。他认为议员们无权批评和限制他。从 1629 年查理一世即位之后的十多年间,议会一直处于解散状态。

与议会的冲突使查理一世陷入严重的财政危机。议会有一项国王没有的权力,税收许可权。通过提高收费和罚款,查理一世勉强支撑了一段时间,但 1637 年的苏格兰叛乱迫使他用武力解决问题。为了征集军队,国王急需大量资金,因此他召开了议会。

五年之后,即牛顿出生前几个月,国王和议会之间爆发了战争,即英国内战。议会控制了英国舰队,包括伦敦在内的所有大城市,以及伦敦周边地区。议会握有征收关税的权力和筹措其他款项的能力,因此议会有充足的资金进行战争。查理则不得不通过抵押土地、珠宝和其他资产供养军队,他甚至还向西班牙政府贷款收买苏格兰叛军。

战争刚开始时,查理一世占据着优势,因为皇家军队是由职业士兵组成的,议会的军队不过是平民组成的乌合之众。1642 年 1 月 2 日,查理一世带领着全副武装的士兵冲到议会,准备逮捕曾违抗过他的议会成员。但反对派的首领早就得到风声，赶在查理与士兵抵达之前及时逃脱了。事实证明，对查理一世而言，这不只是一个意外的耻辱，而是对他统治地位致命的打击。到夜幕降临时，城中许多人集合起来进行武装反抗，将国王围困在王宫中。狂热的群众包围了宫殿，王宫内到处都能听到人群的怒吼声。局势愈加恶化，查理一世不得不离开伦敦，逃到对他比较友好的地区。从那以后，他再也没有返回伦敦，直到被押回来处死。

皇家军队行军时正好经过牛顿降生的村庄（牛顿的母亲正怀着他），不久议会军队追了上来。尽管查理的军队受过更好的训练，但克伦威尔率领的议会军更有纪律性，斗志也更高。国王的军队被击败了。最终，查理一世于 1649 年 1 月 30 日在伦敦被处死，他的儿子查理二世几年后也逃离英国。

牛顿出生于内战结束那年，算是一个巧合，但常被传记作家提起的是另一个似乎更有意义的巧合，牛顿恰巧出生于伽利略逝世的那一年。人们之所以特别看重这件事，是因为在某种程度上，伽利略是牛顿的科学教父。牛顿紧随伽利略的脚步，并最终用自己发明的数学方法完美地描述了伽利略用望远镜观察到的那个物理世界。不过这种浪漫的想法有些一厢情愿，牛顿生于 1643 年 1 月 4 日，按照公历计算，此时伽利略已经去世一年了。十七世纪的英国并未采用公历，因为英国的新教徒抵制一切天主教的东西，而公历是天主教使用的。

比起牛顿出生的年份，更值得关注的是他降生的方式。牛顿在半夜出生，由于是早产儿，刚出生的牛顿体重过轻，照料他母亲的女仆都以为他不可能存活。毕竟，那个时代超过三分之一的儿童在六岁前就夭折了。两个出去给他买药的女人认为婴儿撑不到她们回来，没想到的是，牛顿活下来了，最后比她们活得都长，牛顿八十多岁才去世。

牛顿出生在一个普通的平民家庭，家里大部分人都没受过教育。牛顿的祖辈都是自耕农，过着刚够糊口的简朴生活。牛顿的父亲既不会读也不会写，牛顿大概是家里第一个会写自己名字的人。牛顿的父亲应该是个很有意思的人，他个性开朗，花钱大手大脚，容易冲动。但他在牛顿出生前两个多月就去世了。牛顿的父亲也叫艾萨克，去世时三十七岁，当时才与他的母亲汉娜·艾斯库·牛顿结婚几个月。汉娜来自一个条件稍好一点的家庭，这时成了一个怀着孕的寡妇，去世的丈夫只给她留下了46头牛，234只羊，还有几个装满玉米、干草饲料、麦芽和燕麦的谷仓。

1645年1月27日，牛顿三岁时，他的母亲再婚了。牛顿的继父巴纳巴斯·史密斯毕业于牛津大学，担任附近村庄的教区牧师。史密斯生于1582年，结婚时已经63岁，此时他还没有孩子。史密斯与牛顿的母亲结婚后很快便有了三个孩子——牛顿同母异父的妹妹玛丽、汉娜·史密斯和弟弟本杰明。母亲带着牛顿搬到了牧师在北威瑟姆的教区。

不知什么原因，牛顿不太适应新的家庭环境。他被送到了乌尔索普附近的祖父母家，乌尔索普是林肯郡的科斯特沃斯教区的一个小村庄，在威瑟姆南方六英里处。牛顿似乎和祖父母都不怎么亲近，但他尤其讨厌自己的继父巴纳巴斯·史密斯。牛顿还是个孩子时，曾威胁说要把母亲和继父活活烧死，连同他们的房子一起烧掉。牛顿后来对自己说过这样的话感到后悔，因为牛顿的继父在他十岁时就过世了，而把几百本神学书籍都留给了他。

十二岁时，牛顿在格兰瑟姆附近的一所语法学校上学。在这所学校牛顿学习了拉丁文和其他一些科目。牛顿寄宿在克拉克先生家中，克拉克开了一家药剂商店。正是在这段时间，牛顿接触到了化学品的调配和制作过程——这段经历培养了他终身对炼金术的热爱。

许多年后，牛顿承认当时他对学校的学习毫无兴趣，他是个坏学生。尽管在其他男孩们看来他有些奇怪，但他广阔的知识在语法学校就已显现出来了。

在学校，牛顿并不怎么和同龄人一起玩耍，倒喜欢在课余时对一些小玩意修修补补，或者在自己的房间里画图和制造东西。例如，他对附近新建的一个风车非常好奇，于是决心自己也建一个。他确实做到了，据说同样好使。他不满意风的变化无常，于是为风车添加了一个动力装置，让老鼠推动轮子来转动风车。据说他的房间中全是手绘图。他做了一个纸灯，可以折起来放进口袋里。他还把风筝和纸灯系在一起，晚上把它放到天上去。他做了许多计时准确的日晷，邻居们都跑来用他的日晷核对时间。

牛顿还为儿时的玩伴斯托勒小姐(她的名字是什么已无法查证)的玩偶娃娃做了许多小家具,她比牛顿小两到三岁,是房东克拉克先生的女儿。斯托勒嫁人后改姓文森特,她说牛顿是个“冷静、沉默寡言、喜欢沉思的孩子”。她还对一个早期的牛顿传记作者说牛顿一直爱着她,但人们从牛顿身上却很难发现这种感情。牛顿可能更喜欢做小家具,对他来说,这也许比斯托勒小姐更有趣一些。多年以后,牛顿将这种修理和制造东西的爱好带入到科学研究中。牛顿因他的理论研究闻名于世,但除此之外,他一直在制造一些精巧的装置,在做理论研究的同时也进行大量的实验。

但此时的牛顿仍欠缺科学和数学知识,他在语法学校接触不到任何重要的数学知识,因为那里不教授这一科目,语法学校侧重的是拉丁文和希腊语。牛顿的拉丁文学得不错,这对他后来很有帮助,因为那个时期,大部分学术书籍都是用拉丁文写的。

和牛顿一样,莱布尼茨的学校生活也很乏味。他曾说由于接受的数学教育太少,自己的数学知识相当贫乏。当时的德国学校教授的传统科目是亚里士多德的学说和逻辑学——莱布尼茨擅长逻辑学,他说自己在同学中最早精通亚里士多德的逻辑学。不仅如此,他还声称自己发现了亚里士多德学说中的若干缺陷。

年轻的莱布尼茨几乎整天待在图书室里,与书籍为伴,由此养成了良好的自学能力。他是那种从书中积累知识,在工作中倾注热情的学者。“我头脑中没有教师灌输的那些空洞冗长的教条,我只相信确凿的论据。”莱布尼茨有一次还说,在他少年时候,老师最让他感激的是:他们“很少干涉他的学习”。莱布尼茨和父亲一样,进入莱比锡大学学习哲学和法律,1664 年 2 月,他十七岁就完成了自己的毕业论文《论个体原则》。1664 年 2 月,他的导师雅各布·托马修斯对这位年轻人的论文给予很高的评价。托马修斯公开称赞了莱布尼茨,说他尽管只是一个十几岁的少年,却有能力研究任何复杂的课题。

牛顿并不太善于处理生活中的日常事务。十五岁时,他每周都要回到格兰瑟姆处理家里的生意。因为牛顿的年纪尚小,管家会给他提供生意上的建议,让他尽早熟悉商业规则。可牛顿对此兴趣索然,他将生意全部交给管家,自己则埋头读书。

1659 年,十七岁的牛顿不得不中断学习,接管家庭农场。作为长子,他本应成为一名农夫和牧场主。在大学开学之前,牛顿在家度过了沉闷的几个月。从一开始就可以看出,他根本不胜任这项工作。牛顿的学者性情注定他只能在思想领域而非土地上耕耘。十九世纪有一本著名的牛顿传记,书中的一张插图十分准确地反映了这个时期牛顿的生活:画中绵羊四处乱窜,牛咀嚼着没成熟的稻谷,牛顿却若有所思地坐在树下。

最终,牛顿的母亲意识到做学问才是他的终生事业。母亲把他送回格兰瑟姆,让他用九个月准备大学学习。牛顿的叔叔艾斯库牧师毕业于剑桥大学三一学院,决心也让牛顿到三一学院学习。1661 年 6 月，十八岁的牛顿终于进入了史学家约翰·斯特赖普称之为“大学中最好的学院”的剑桥大学三一学院。

牛顿和莱布尼茨在早年对数学都知之甚少，也没有预料到自己会因数学而名声大噪，他们对对方一无所知，却在冥冥中走向了相似的学术道路。

第三章　发明却不发表

(1664—1672)

牛顿,一位伟大的学者。他第一个探寻了宇宙形成的规律。他发现的自然法则意义重大,却又如此简洁。他的贡献在于对自然法则具体特性的描述,而不是解释它们的成因。

——牛顿雕像上的文字

1943 年 2 月,世界各地的学者聚集到耶路撒冷纪念牛顿三百年诞辰,有学者在大会上做了致辞,以下是致辞的一部分:“牛顿在学院里研究数学,进行实验。在校园里,他总是一边走路一边思考问题,他天才的思想不断地为他的实验提供灵感。一次,他夜以继日地在实验室连续做了六周实验。”这种勤奋到疯狂程度的科学家形象是牛顿的真实写照。宇宙的奥妙不是轻易就能被人解开的,然而勤奋刻苦的牛顿最终做到了。正如与会者说的:“物理世界的规律和秩序以空前的速度被牛顿揭示出来。”

奇怪的是,牛顿最为人所知的科学成果并不是在剑桥,而是在格兰瑟姆的家中躲避疫情时完成的。牛顿在格兰瑟姆的家中待了好几个月等待学校重新开学。在此期间,他一直思考宇宙的运行规律,并接连有了许多重大的科学发现。这一年是人们后来所称的“重大发现之年”或“奇迹之年”。

“那段时间是我进行创新和发明的黄金时期,我在那段时期取得的数学和哲学成果比其他任何时期都多”,牛顿后来写道。某位传记作家指出奇迹之年应该被改为“重大的两年”,或“奇迹的两年”,因为这段时间跨越了1665和1667两年。

牛顿经常夜以继日地工作。对他而言,什么都没有科学重要——包括食物、休息甚至自身的安全。他忘了吃饭,忘记洗漱,忽略了周围的一切,牛顿的眼中只有他的书、笔记和实验。在这几个月的时间里,发生了一件趣事,牛顿的猫因为总吃牛顿忘记食用的食物而长得很胖。另一件有趣的事情是,牛顿对光和视觉很感兴趣,为了弄明白视觉如何感知色彩的奇妙,他会不时盯着太阳看。据说因为观看太阳的次数太多,他不得不好几天把自己关在黑暗的房间里以恢复视力。

更糟的是他曾试图将一种长针插到自己眼球的后部以改变视网膜,这样做的目的是为了观察这对他的视力会有什么影响。“我把针插到眼球后部,尽可能地接近背面,然后挤压眼睛……这时会出现一些白色、黑色和彩色的圆圈。”牛顿把这种感受记录在笔记中,还附上一副手绘图,这幅图描绘的情景是,他正将长针插到眼球的后面。值得一提的是，他画的眼球在解剖学上是完全正确的。

2005年，在帕萨迪纳市的亨廷顿花园博物馆中展出了这本笔记的复件，我在参观时，旁边有一位女士和她十几岁的儿子正在观看，并试图弄明白图中画的究竟是什么……

“这是什么？”男孩问母亲。

“就是一种针，”她说。

我看到了她表情中的疑惑，于是补充了一句：“这是裁缝以前用的针，很长，但它是钝头的，被用来在皮革上穿孔。”说完后大家都安静了。

也是在这一“重大发现之年”，牛顿发明了微积分。这次他没有做出什么差点把自己弄瞎的危险举动，但许多年后他却像瞎子一样无视莱布尼茨的成果。牛顿既才华横溢又骄傲自大，他拒绝相信像莱布尼茨这样的人也能完成自己多年以前做到的事情。

现在人们认为微积分战争是荒谬的，因为牛顿和莱布尼茨之前的许多数学家们已经为我们积累了大量创立微积分所必需的基础知识，他们之后的科学家又进行了大量的后续研究，微积分才演变成应用广泛，并得到深入发展的一门学科。十七世纪时，人们已经探索过微积分的许多方面，微积分的发明已经呼之欲出了。在十七世纪，发明的必然性这一概念还不像今天这样为人们广泛接受。事实上，不同的科学家在各自独立地面对相同问题时，很容易得出相似甚至完全一样的解决方案。现在看来,微积分的产生是必然的,所有的基础工作都已经完成,只需有人对已有的成果集中整理,往前更进一步。即使牛顿和莱布尼茨没有发明微积分,一定也会出现其他的发明者。

当然,这里并不是要贬低牛顿和莱布尼茨的成就——特别是考虑到,两人都是靠自学创立微积分。当时剑桥大学并没有教授数学的传统,牛顿只能靠自学掌握数学知识。为了学习数学,牛顿买了一本笛卡尔的《几何学》,然后开始认真的钻研。晚年他描述了当年他是付出怎样的努力才读完《几何学》的,他每次看不了几页书就会遇到读不懂的地方,这时他会回头重读,接着遇到不懂的地方,再回头重读,这样一点一点地往前推进,直到完全读懂整本书。

牛顿对无穷级数非常熟悉。无穷级数实际上是一种通过将一系列的数字相加,从而确定某种几何图形面积的数学方法。当牛顿进入数学领域时,英国数学家约翰·沃利斯在级数上已取得相当的进展。沃利斯在数学史上并不怎么有名,但他是当时数学界的巨人,对牛顿的影响很大。沃利斯写了一本名为《无穷算术》的书,在这本书中,我们可以看到作为微积分理论基础的一些初步概念。沃利斯预测了微积分以及微积分所能解决的问题,他还在书中讨论了对几何图形面积感兴趣的早期数学家提出的若干方法和理念。沃利斯对无穷级数的研究启发牛顿沿着这一方向继续前进,最终发明了一种用代数分析几何图形的通用方法——也就是微积分。

牛顿的重大突破在于他是从运动的角度来考虑几何。牛顿把几何的数量看成是流动的，是由运动产生的。他没有把曲线想成简单的几何图形或存在于纸上的几何结构，而是现实生活中的曲线——不是建筑或风车那样的静止的结构，而是一种永远保持动态，可以用变量来衡量的运动。

1664 年 4 月 28 日，牛顿被选为剑桥大学三一学院的学者，成为学者意味着牛顿会有固定奖金和生活补贴，他不再需要为生活奔波。此时，他已经非常接近发明微积分了。他已经很清楚微积分可以解决哪些难题了：那些几何学中有意思却很难解决的问题，如求曲线包围的面积和求曲线切线。事实上，两年之内他就成功地创立了微积分。不过在此之前，英国经历了一次大的灾难。

1664 年圣诞节前一周，一颗彗星划过天空，这引起了英王查理二世的不安。在几年前，奥利佛·克伦威尔的政府随着他的去世而垮台，查理二世重新登上了英国王位。查理二世非常迷信，相信占星术，时刻关注着上天显示的各种预兆。在迷信这一点上，查理二世倒是能代表他的人民。城中许多人都好奇这颗彗星会带来怎样的噩运。威廉·莉莉是当时著名的占星家，她每年都会发表自己的年历。在 1665 年的年历中，她预言人们即将见到另一个恶兆，英国在一月会发生月食，并会带来“战争、饥荒、鼠疫、死亡、瘟疫”。

好像这还不够糟糕似的，1665 年 3 月，天空中又出现了一颗彗星。实际上就是去年十二月的那颗，现在绕太阳返回。可以想象，伦敦城里突然到处都是穿着天鹅绒外套和黑色斗篷的占卜者,向聚拢在他们周围的人们宣讲着末世即将到来的可怕预言。这次他们终于说对了,这年夏天瘟疫席卷了英国,仅伦敦就有6万人死亡。

其实预测到英国会在1665年爆发瘟疫并不是什么难事,因为欧洲几年前就已经深受其害了。1663年,大规模的疫病对荷兰造成了沉重的打击,阿姆斯特丹因疾病死亡的人数达到每周一千人。而在地理位置上,荷兰和英国距离很近,两个国家仅仅隔着一条英吉利海峡。英国刚与荷兰进行过一场战争,还准备再打一仗。1662年,英国占领了荷兰在美洲的殖民地新阿姆斯特丹,并将它改名为纽约。殖民地发生的争斗自然会延伸到欧洲。瘟疫也是一样,迅速从荷兰传到了英国。

另外,在那样的年代疾病是不可避免的。疾病就像英国的坏天气一样,已经成了生活的一部分。人们生活在卫生环境糟糕的贫民窟。街道上拥挤不堪,街道中间的下水道是敞开的,里面流淌着脏水,夏天时成群的蚊蝇在上面飞舞。一半英国人只能维持最低的生活水平,许多人都患有由缺乏维生素D引发的佝偻病。夏天许多人都会得麻疹、疟疾和痢疾。从九月到次年四月,常见的疾病则有斑疹伤寒症、流行性感冒和结核病——这些疾病就像“冥河上的船夫,将人们带往地狱”,约翰·班扬这样形容它们。疾病有可能感染任何人——克伦威尔可能是死于疟疾,女王玛丽二世于1694年死于天花,詹姆斯二世则可能患上梅毒。

鼠疫并不是所有疾病中最糟糕的,因为它并不持久。但或许正是由于它间歇性的特点才更令人恐惧。得上鼠疫非常痛苦,它会造成淋巴结肿大——正式的名称是腹股沟淋巴结炎,黑死病的名称就是由此而来。得了鼠疫的人会出现高烧、寒战、疲乏、头痛的症状,有时还伴有呼吸道疾病。十七世纪三十年代鼠疫的大爆发致使某些城市损失了近半的人口。十七世纪六十年代,荷兰爆发了鼠疫。1647 年至 1649 年法国也深受其害。

一次典型的鼠疫爆发通常是通过老鼠传播。大量的老鼠会感染病菌,如果这些老鼠生活在城市中,它们身上的跳蚤会把病菌带到人类身上。这正是 1665 年夏天在英国发生的事情,黑死病因此在伦敦肆虐。"传染病已经到处蔓延了",约翰·伊夫林在 1665 年 8 月 28 日的日记中写道。

到了这一年 9 月,英国各地都开始禁止公共集会。到了 10 月,每 10 人中就有 1 人死亡。1665 年 10 月 15 日,塞缪尔·佩皮斯写道:"上帝啊! 街道多么空旷,真让人伤感。在这里,我看到太多的病人……听到太多悲惨的遭遇。每个人都在说谁刚死了,谁又被感染了,这里有多少人去世,那里又有多少死亡。"

人们未能成功地将鼠疫控制在伦敦城内。牛顿当时住在剑桥,剑桥于 1665 年秋天被迫停课。当时流行的观点是,全能的上帝为了惩戒罪恶而将瘟疫带到剑桥。牛顿不得不回到在格兰瑟姆相对安全的乡村住所,他在那里待了一年多,直到剑桥于 1667 年 4 月重新开课。

在这段不长的时间里,牛顿创建了最伟大的知识体系。他掌握了力学,开始运用数学方法来解释运动定律,他在光学、流体力学、潮汐现象、万有引力定律等领域均有重大发现。

牛顿在这一时期做了许多光学实验,这些实验体现了他高度的智慧以及对这一领域的深刻认识,堪称完美。他把自己关在一间黑屋子里,在墙上挖一个小洞,让阳光由小洞中射入。牛顿用棱镜对这束光做实验,牛顿在光学上的一大突破是提出普通的白光是由光谱中的红、橙、黄、绿、蓝、靛蓝、紫光组成的。通过准确的实验,他发现白光通过一块棱镜后,就能分离成上述一系列颜色,再通过第二块棱镜,这些不同颜色的光又能还原为白光。

这些实验和其他类似的实验为牛顿著名的《光学》一书提供了素材。除此之外,他更有名的《自然哲学的数学原理》(简称《原理》)一书中的概念也大多产生于这个时期。《原理》写于1680年间,书中概述了物理运动的数学基础,为物理学带来革命性的变化。牛顿在《原理》中用数学方程表述了万有引力定律,这一定律被称为历史上最伟大的科学发现。《原理》由拉丁文写成,至今仍不断被翻译成各种语言的译本。

牛顿和苹果的故事也是在这时诞生的,尽管有可能是虚构的,但它是科学史上影响力最持久的故事之一。整个故事唯一可信的地方就是牛顿很喜欢吃苹果,不过它却被人们传诵了几个世纪。

大约75年后伏尔泰写了后来为人们所熟知的牛顿和苹果的故事。故事的大意是牛顿在花园散步时看到苹果掉下来,这使牛顿陷入沉思,想要弄明白到底为什么苹果会掉下来。据说,牛顿看那苹果下坠的态势好像一直要掉到地心去(重力中心)。当时还是学生的牛顿感到奇怪,为什么月亮不向地心掉落呢?也许月亮和苹果一样,一直不断地往地心掉落!伏尔泰声称,这一偶发的事件才是牛顿万有引力的灵感来源,“所有的哲学家们一直在试图解释重力的本质,但他们都失败了”。伏尔泰补充道。

苹果故事过度简化了牛顿发现引力定律的过程。根本就不是所谓的瞬间顿悟(或苹果掉落这回事)使牛顿洞察了万有引力,真正让牛顿完成这一发现的是书房中枯燥而漫长的阅读、写作、思考和计算。不过,如果把牛顿想象成一个能随时收到瞬间产生的伟大灵感的接收机,理解像他这样的天才无疑就更容易了,这样我们就不用费力地想象他是如何进行实际工作了。此外,再没有比苹果更合适的故事素材了,它象征了发现、性、食物、原罪和人的堕落——这些吸引人的因素全都集中在这种不起眼的水果上。

三一学院大门右边的苹果树据说正是牛顿曾坐在下面研究万有引力的那颗苹果树的后代。在剑桥时,我看到许多人呆呆地望着那棵树。或许和牛顿一样,他们也试图从那些神秘的树枝上落下的红色果实上揣摩出某种神谕。他们一定对一月份苹果树的样子感到失望,这时的苹果树没有叶子,没有果子,树枝凌乱,看上去一点都不讨人喜欢。总之,三一学院门口的这颗苹果树显得既小又不起眼,似乎负担不起它祖先的盛名。但不管牛顿和苹果的故事是否是真的,有一点是毋庸置疑的,万有引力就此永远改变了物理和数学,也改变了整个世界。

在这一时期,牛顿还发明了微积分——他称之为流数法。伏尔泰对微积分的描述远不如苹果故事精彩:“这是用数字记录和测量移动中物体的方法。”他这样简单地解释道。微积分实际上是一系列用代数来分析和解决与几何曲线相关问题的方法。它解决了当时最重要的数学问题——如在任一点求曲线切线(曲率),以及求任意曲线包含的面积。

1665 年万圣节,牛顿开始着手写一篇名为《如何求曲线的切线》的短论文。几周后又写了另一篇名为《由物体的轨迹求其速度》的论文,这两篇文章代表他早期对微积分的探索。

我在帕萨迪纳图书馆的玻璃展示柜中看到一份已经发黄的《如何求曲线切线》原稿的副本。大多数经过的人并不是很关注这份文件,最多不过瞥上一眼,他们更易被另一个东西吸引住,牛顿求解出 55 位的对数——这还是他早期取得的成果。他曾在给友人的信中提到过:“我不太好意思告诉你我现在能计算出多少位的对数。因为没有其他事情可做,我太沉迷于这些实验了。”论文中有几个由数字构成的三角形。想要看懂它们绝对是一项艰巨甚至可怕的任务。但在博物馆中,它们会产生震撼的效果,甚至有点梦幻的艺术感。

牛顿在 1665 年 11 月 13 日写了一篇文章,在文中他通过具体例子展示了微积分方法。在那年冬天,牛顿继续研究了其他一些问题。然后在 1666 年 5 月 16 日他又回到了微积分的问题上,开始重新构思能解决运动中物体问题的通用方法,并提出了一些命题。最终在 1666 年 10 月,他写了一篇 48 页长的论文,列出 8 个命题,标题是“以下命题足以解决运动中物体问题”。文中收录了运用他的数学算法就能直接解决的 12 个问题,包括做曲线的切线,或求曲线上任一点的变化率(导数),求曲线的长度,求所包含的面积相同的曲线,求曲线包含的面积(积分)或两曲线间面积。这确实是一篇突破性的文章。

1667 年回到剑桥时,牛顿取得的成果已足以让人们对他刮目相看了。他成功地建构了一个能够分析任何曲线的通用和强大的数学系统。莱布尼茨要等到 10 年以后才能完成同样的事情。在牛顿做出如此重大发现的时候,莱布尼茨基本上还是一个数学的门外汉。1667 年 10 月 2 日剑桥授予牛顿硕士学位,他成了三一学院的研究员。奇怪的是,在接下来的两年里他没有再研究过数学问题。

1669 年,牛顿将注意力重新转到数学和光学上,他开始学习剑桥数学家巴罗的著作。巴罗是剑桥的卢卡斯讲席教授,这是 1612 年一名叫作亨利 · 卢卡斯的剑桥教授设立的职位。巴罗在 1664 开始担任此职,1669 年牛顿接替巴罗担任了这个职位。卢卡斯讲席教授会得到充足的资金支持,因此让牛顿升任卢卡斯讲席教授表示学院对他的认可。巴罗可能是牛顿关系最好的同事,他不仅仅帮牛顿在学术领域取得进步,还帮助牛顿发表了大量著作。要知道,直到十七世纪六十年代末,牛顿几乎还没发表过文章。

得到巴罗的帮助后,情况马上有了改善。此外,居住在伦敦的德国数学家尼古拉斯·墨卡托1668年出版了自己的一本著作,这本书也给了牛顿很大帮助。墨卡托在书中提出了“自然对数”这一概念,并令人印象深刻地描述了如何解决特定的求积问题——函数$\frac{1}{1+x}$的积分。对现代微积分来说,这算不上什么重大的问题,但在当时无疑是一项了不起的成就。尽管给人留下了深刻印象,墨卡托只不过解决了牛顿的微积分所能解决的诸多问题中一个具体和初级的问题。几十年后伏尔泰这样说道:“墨卡托发表的不过是求积的一个具体范例,而几乎与此同时,牛顿爵士已经发明了一种可以解决所有几何曲线问题的通用方法。”

如果75年后的伏尔泰都为牛顿的发明感到吃惊,我们可以想象一下,牛顿同时期的人读了他的这些文章该有多么震惊。但几乎没有人读过这些文章,因为当时并没有发表。牛顿在十七世纪六十年代末七十年代初写过几篇微积分的论文。牛顿在1669年用拉丁文写了第一篇有关微积分的论文,这篇论文是在他1666年的名为《运用无穷多项方程的分析学》(以下简称《分析学》)的论文的基础上发展而来的。这本书后来在微积分战争中发挥了重要作用。牛顿和他的支持者就是将这本书作为证据,证明自己早在多年前就发明了微积分。

牛顿在1670—1671年冬天未写完的一本名为《关于流数法和无穷级数的论文》的书(这是他第二本未写完的著作)中,观点有了进一步的发展。牛顿在这两本书中第一次提出了他的微积分概念,这也是人类有史以来第一次论述微积分的著作。可问题是,他并没有正式出版它们。

如果牛顿在完成《分析学》后就即刻发表它的话,将会给自己省去不少麻烦。多年之后也不会有所谓的微积分战争了,数学知识将会得到更快的发展。但有些事情说起来容易,在当时要想做到却很困难。在经历伦敦大火之后,发表如此深奥的数学论文是件极其困难的事。1666 年,遍及伦敦的大火不仅烧毁了印刷厂,还烧掉了大半个城市。这场灾难的规模是如此巨大,因此我们有必要在这里简要地回顾一下。

这场大火开始于1666 年 9 月 2 日午夜,据说是由一个名叫托马斯·法瑞纳的面包师引发的。不过任何人都有可能犯下同样的错误,因为当时的伦敦是一座易燃的城市。城里的大部分建筑都是木制房屋,房屋的地板上总是铺着干草。新建的房屋一间挨着一间,一直延伸到每条街的尽头,中间没有一点缝隙。市区的空地上堆满了居民用来生火的腐烂木柴,只需要一根火柴就能点燃整个城市。

没人想到这场火会具有如此大的毁灭性。大火是礼拜六发生的,塞缪尔·佩皮斯在次日清晨检视火情时将它称为几乎烧掉整座城市的"无止境的大火"。几天后,他发出了这样的哀叹:"上帝啊! 在月光下,那是一幅多么悲惨的景象啊,几乎整座城市都在燃烧。"

火灾发生后的第二天晚上,约翰·伊夫林在日记中描绘了这场可怕的大火。第二天,他发现大火进一步恶化了:"噢,多么悲惨和可怕的景象,这样猛烈的大火或许是文明社会建立以来人们从未见过的,这场大火似乎不把全世界都烧光不会罢休……愿上帝保佑我永不再见此情此景,上万间的房屋顷刻之间化为灰烬,人们的惨叫声,此起彼伏的爆炸声,猛烈的火苗发出的呲呲声,女人和孩子们的哭叫声……慌乱的人群到处乱跑。塔台、房屋和教堂一间间倒塌,好像遭遇到一场可怕的风暴。”

“伦敦已不复存在了”, 伊夫林写道。

不幸的是,城中的居民更关心的是财物而不是灭火。如果人们拆毁周围的房屋,挡住大火的去路,火势无疑能得到控制,但这几乎是一项无法执行的任务。伦敦市长托马斯·布鲁德沃斯拒绝在获得房主允许前拆毁房屋。显然,谁也不愿把好好的房子拆掉。当然,还有更直接的对抗大火的方法,人工传递水桶和手压泵,但这点水不过是杯水车薪,对大火几乎不起作用。到星期天,大火已在城中烧出了一条一英里的“火道”。周日晚和周一整天,火势一直在蔓延。

此时一切为时已晚,人群已经开始惊恐地四处逃窜。街道上挤满了推车和各种交通工具,所有的伦敦居民——男人、女人、小孩和动物,都带着财物向城门涌去,他们想逃到更安全的城外。泰晤士河上同样挤满了急于逃脱的驳船。许多年来,英国大量的乡村人口不断涌入伦敦,现在则相反,这座城市就像一个巨型的喷口,将汹涌的人群“喷射”回乡村。

值得赞扬的是,在佩皮斯的努力下,海军大楼和伦敦塔成功地保住了。佩皮斯采取的办法是组织码头工人拆掉周围的建筑。为了不让伦敦城被全部毁掉,人们用火药炸掉了大火必经之路上的大部分建筑物,以阻绝火势。但等到采取这种激烈的手段时,这座城市的大部分已付之一炬了。当大火在强风的作用下快速蔓延时,城市的命运已经注定了。到星期四,火苗已经窜上了圣保罗大教堂的塔尖,将这座伦敦最高的建筑彻底烧毁。大教堂内的铅被大火融化,汇成一条金属“溪流”,流到街上。等到大火熄灭时,已经造成了无法估量的损失。

伦敦城448英亩的城区中有373英亩被烧毁,财产损失不可计量。1.52万座房屋被烧毁,十几座教堂和城市建筑被毁,六分之一的人口无家可归。伏尔泰后来写道:“让全欧洲大吃一惊的是,伦敦在三年后就重建起来,城市比从前更加漂亮、整洁、宽敞和适合居住。”

我在这里提到这场大火并不是要把它当作城市规划的反面案例,也不是要讲伦敦人受到重创后重新振作的力量,而是因为这场大火对微积分战争有重要影响。印刷业是大火中遭受损失最惨重的行业之一。印刷业遭受的严重损害使得像牛顿这样的数学家几乎完全失去了出版长篇著作的机会,除非他写的只是时兴的宣传小册子或传单。

现代印刷术是由荷兰人劳伦斯·寇斯特和德国人约翰内斯·古腾堡引入欧洲的。到十七世纪,欧洲的印刷业已经非常发达了。种类繁多的书籍让有钱人可以建立图书馆,也让普通人得以阅读各种小册子、期刊、报纸和各种学科的书本。欧洲的印刷业已发展成规模产业,印刷和销售的书籍十分可观。但当牛顿想要发表微积分著作时,伦敦的印刷业却恰好处于最低谷,发行一本书要承担很大的风险,因为此时纸张的成本非常高。十七世纪,纸张是从废旧布片中提取纸浆制成的。1665 年瘟疫横行后,图书产业已然遭受不小的损失,因为原本用来制纸的废旧布片被病菌所污染,不得不烧毁,纸张成本大幅增加。

伦敦大火更是给书商们雪上加霜,大火吞没了无数的库存书籍。这时没有哪个发行商敢冒险出版不能马上获利的书籍。当时畅销书通常都与宗教相关,此类书籍需求量很大。对像牛顿这样专门写晦涩而深奥的数学书的作者们来说,这可不是什么好兆头,特别是数学方程式中的符号极难排版。在这段时间伦敦的书商出版的一本学术著作是牛顿导师巴罗的光学和几何课本,这本书据说差点让书商破产。

因此像牛顿这样年轻又不知名的数学家在当时要出版一本数学著作几乎是不可能的。实际上,《分析学》直到牛顿晚年的时候才得以出版。牛顿在完成《分析学》后,只是将这篇文章的一份副本交给巴罗。巴罗看过后大为震惊,又将这篇文章转交给他的朋友约翰·柯林斯。若非如此,《分析学》可能会作为一份不甚重要的文件就此湮灭了,不会在历史上留下任何印记。1669 年 7 月 20 日,巴罗在给柯林斯的信中提到:“我有个朋友找到了解决那些问题(指墨卡托书中的问题)的绝妙方法。前些天他给我看了几篇论文,其中有一些方法可以解决类似墨卡托先生提出的双曲线问题,并且这些方法能解决任何类似的问题。”

1672 年 12 月 10 日,牛顿在给柯林斯的信中亲自向他解释了这些方法，详述了怎样求曲线的切线：“先生，这种方法是一种独特的方法，或者说是一种通用的方法的推论，这种通用的方法不需要琐碎的计算过程。它不仅可求所有曲线的切线，不管是几何、力学，还是由直线或曲线变化而来的各种曲线，还可以解决其他难题，如曲率、面积、周长、曲线重心等等。”

柯林斯读完《分析学》后激动不已，他背着牛顿私自留下副本。在微积分战争最激烈的时候，这个副本成为牛顿阵营证明莱布尼茨剽窃最重要的证据之一。

十七世纪七十年代早期，尽管牛顿很难以专著的形式出版自己的文章，但他仍有其他的选择。当时一种新的出版方式正在兴起——期刊。伦敦的皇家学会就有一份成功运营多年的期刊《哲学学报》。最初创办《哲学学报》的目的只是为了保存学会收到的论文，但它逐渐成为一份刊登最新科学成果并随时追踪世界各处最新科学发现的杂志。当然，《哲学学报》并不是当时唯一的学术期刊。在牛顿和莱布尼茨生活的时期，先后出现了许多期刊。在十七世纪六十年代晚期，当牛顿准备公开他的数学成果时，《哲学学报》应该是最好的选择。为什么牛顿没有将《分析学》或者它的节选发表在《哲学学报》上呢？事实上，如果一切顺利的话，他很可能会这样做的。

牛顿一直希望先发表他的光学研究成果。牛顿首先向皇家学会成员展示了他的重要发明之一：一个看起来像是玩具的望远镜——最早的反射式望远镜。这架望远镜看起来有点怪异，它比传统望远镜更短更粗，目镜位于望远镜的旁边而不是正后方。

牛顿设计并制作的望远镜模型不到一英尺,和玩具一般大,但它的尺寸的确无关紧要。巴罗在英国皇家学会展示了这架望远镜,它对远处物体的放大倍数是传统望远镜的好几倍。牛顿向学会介绍,大多数小型望远镜可将远处的物体放大 12 或 13 倍,这个小得多的反射式望远镜可以将物体放大约 38 倍。这一发明将大大提升望远镜技术,学会成员们对此非常兴奋。

“您愿意和这里的哲学家们分享您发明的望远镜,这种行为真是太慷慨了,”皇家学会秘书 1672 年 1 月 2 日给牛顿写了这封信,“几位精通光学以及具有丰富实践经验的科学家看过您的发明后都赞不绝口。他们认为要采取某些手段防止这一发明被外国人偷走。因此请您务必将原始的样品和说明书寄给我们,说明书中最好能详细描述仪器的每个部分,以及它与更大的普通望远镜相比,有哪些特别之处。”

牛顿的反射式望远镜足以使他成为皇家学会会员。托马斯·伯奇是皇家学会早期的史学家之一,伯奇在 1756 年的《伦敦皇家学会史——致力提升自然知识》一书中有这样的记录:“12 月 21 日,索尔兹伯里主教大人提议将牛顿先生——来自剑桥大学的数学教授,列为学会会员的候选人。”牛顿得知这一消息后欣喜若狂。1672 年 1 月 11 日,《皇家学会学报》上有一篇文章描述了牛顿的反射式望远镜的设计。同年夏天,英国和英吉利海峡对面的欧洲大陆国家都开始制作牛顿发明的望远镜。即使牛顿除此之外再无建树,人们还是会记住他。这一时期牛顿的成果实在是太多了，其中包括他广泛的数学研究。他可以很轻易地将这些成果发表在皇家学会《哲学学报》上，但他决定先发表自己创立的光和颜色的理论。他将自己的光学理论称为“迄今为止，即使不是自然现象中最重要的，也是最不寻常的发现”。

他的光学理论或许是新的，但事实上，人们很早就涉足光学领域了。光学在十七世纪一直是科学研究的热点。笛卡尔和他之后的许多学者都研究过光学，其中包括比当时的牛顿年长，成就更高的科学家，如胡克和罗伯特·波义耳以及莱布尼茨的法国导师惠更斯。

牛顿的理论与当时光学领域的前沿理论刚好相反，牛顿直接挑战了当时这一领域的权威科学家们的观念。对笛卡尔和十七世纪其他科学家而言，光和声音一样，是一种在透明介质中传播的脉冲，是一种由空气粒子的运动而产生的压力波。但声音在真空状态中是不存在的。如果将钟放进罐子里，然后抽干里面的空气，铃响时就不会有声音。几年前罗伯特·波义耳就演示过这个实验，他证明了如果没有空气，就没有介质传播声音，许多人都认为光也是这样。对牛顿的同仁来说，颜色并非光的特质，而是介质的振动。

毫无疑问，牛顿很清楚这种流行的观点，也清楚以前的学者们为了支持这一观点所做的大量研究。他认真地读过并完全理解了当时有关光和颜色的理论，从中受到启发。但牛顿通过自己的实验得出了不同的结论，他更愿意相信自己的实验结果而不是已有的理论。特别是光的波动说与他在1666至1667年所做的实验相违背。牛顿根据这些实验提出了大胆的假设,光并非波而是粒子,光由无数个微小的粒子组成,在空气中穿梭。牛顿这样描述光粒子:“它是源自发光体的既小又快的微粒。”牛顿还发展出了新的颜色理论:颜色并非是波的特质,而是光的特质。

更重要的是,牛顿发现普通光是多相异质的,它由不同的色彩组成,即今天人们说的是由不同波长的光组成的。牛顿发现与大多数人所想象的情况相反,白光不是没有颜色,而是由构成彩虹的所有色彩混合而成。“最令人惊奇的是,白光中居然包含有丰富的颜色,”牛顿在1672年写道,“其他任何颜色的光中都没有这么多的色彩。上述所有的原色以合适的比例混合在一起才能形成白光,缺一不可。”这一理论刚好与同时代人们的观点相反,他们认为白光就是颜色的缺失,这就像白颜料中没有色素。如果将红绿蓝黄紫的颜料混合在一起,得到的颜色肯定又暗又丑,白光怎么可能是不同颜色的光混合在一起后形成的呢?

我们可以重复一下他在学生时期做的实验:只让一束白色的光射入一间黑屋子,白光通过棱镜折射后变成彩虹色,再通过第二块棱镜,又恢复成白光。这是一个令人激动的发现,远胜他当时的数学成果。

1672年2月6日,牛顿写了一篇描述白光和其他理论的论文,交给了伦敦皇家学会的秘书亨利·奥登伯格。1672年2月

19 日,牛顿的《光和颜色的新理论》发表在《皇家学会哲学学报》上。我在伦敦时发现,今天参观皇家学会的游客仍然可以看到牛顿这封信的副本。他在原信中用漂亮的字体写道:“本论文由艾萨克·牛顿所著,其中包含他的光和颜色的新理论,于 1672 年 2 月 6 日自剑桥寄给皇家学会秘书,以供会员审议。”

1672 年 2 月 8 日,牛顿的论文在皇家学会被诵读。那天学会讨论的议题极为有趣,在牛顿的论文之后,学会宣读了沃利斯写的预测月亮对大气压和气压计影响的文章。接下来是一个来自意大利那不勒斯,名叫科内里奥的人所写的关于狼蛛伤口的文章。此后宣读的文章包括,弗拉姆斯蒂德的介绍土星卫星的论文,德国医师汉纳曼向学会成员请教血液生成及其原理的来信。月球对大气层的压力、被毒蜘蛛咬伤的伤口、巨大的气体卫星,还有血液生成的原理,这些议题远远不如牛顿的望远镜发明那样引人关注。

牛顿的研究成果来自严谨的科学态度完成的一系列全新的实验,及对其结果的分析和不断改善。他不是简单地描述自己观察到某个自然现象,而是描述自然的本质。牛顿的研究成果为人们研究光和颜色提供了一种新的、大胆的方法,最终被认为是他最伟大的成就之一。光学理论的提出为他日后成为最伟大的科学家奠定了初步的基础。在伦敦,我注意到牛顿墓碑上刻有正在把玩棱镜的天使形象,人们通过这种形式向他表达敬意。

现在这个二十八岁的剑桥教授已经准备开始庆功了,但这篇观点新颖的论文却给他带来了麻烦。他遭到同行们严厉的批评,科学界的前辈大佬胡克对他的批评尤其激烈。此时的牛顿还没有日后的声望和地位,毫无还手之力。

皇家学会十分重视牛顿的新理论,学会专门成立了一个委员会对它进行彻底的评估。报告由胡克撰写,他在其中加入了自己对牛顿理论的批评。当然,报告最后维护的是胡克的学术立场,这并不令人感到奇怪。

当时的胡克是英国光学领域的权威,他担任皇家学会的实验监察员已有十年之久。胡克的成就和声望并不是靠政治,而是凭借自己的才智,特别是在光学和显微镜应用上的成果取得的。伦敦大火发生以后,伦敦各界人士都极为重视胡克的意见,他是少数几个由市政府特别任命的重建委员之一。

胡克因为他不留情面的言论以及对其他会员的傲慢态度而著称,他经常利用自己的地位和声望打击对手。1672 年,他盯上了牛顿的光学色彩理论。他以傲慢的口吻给皇家学会写了一封信,宣称自己在牛顿之前就做了全部的实验。另外,他断定实验仍然证明了光是在透明介质中传输的波,颜色是光的折射。胡克所说的这些观点正是牛顿的研究要反驳的。换句话说,胡克认为他与牛顿的区别并不在于数据本身,而是对数据不同的诠释。

“我已经仔细读过了牛顿先生关于颜色和折射的优秀论文,我赞赏它的精确性和牛顿先生强烈的求知欲,”胡克写道,“但他的实验只是再次证明光是通过匀质、统一的透明介质传播的波,颜色则是光的脉冲受到其他透明介质干扰后形成的。”

这封只花了胡克三到四个小时写的信对牛顿造成沉重的打击。胡克是牛顿崇敬的偶像之一，他的《显微图谱》对牛顿有很大的影响。佩皮斯称《显微图谱》是"我毕生读过的最具独创性的书"。牛顿阅读《显微图谱》时，着迷于书中透镜的细节图和大篇幅的对光学的探讨，他记了许多页的读书笔记。

在读了胡克批评他的信后，牛顿花了三个月的时间酝酿回信。他仔细地检查了自己的笔记和材料，想在回信中从各个方面回击胡克的批评。牛顿当时才二十八岁，年轻冲动，他和胡克展开了正面的对抗。他写了一封长信逐条批驳胡克的指责。几个月后，牛顿寄出了这封信的简化版本。正如牛顿在其他许多时候采取的做法一样，他用猛烈的攻击来代替防守。牛顿声称胡克的理论"不仅不充分，从某些角度看甚至是无法理解的"。

牛顿知道用没有实验结果支持的理论进行反驳是无效的。为了证明自己的观点，他做了大量实验。实验显示，白光一旦被分解为不同颜色的光后，这些不同颜色的光即使再通过棱镜也不能被进一步分解或继续改变颜色。

"我用由两块微凸的彩色玻璃片做成的透镜拦截一束单色光，让这束光穿过彩色介质，再让它穿过有其他光线的介质。我尝试不同颜色的介质，但不管我怎样做，这束单色光都不能产生新的色彩，"牛顿在论文中写道，"通过收缩和膨胀，光会变得更饱满或者更暗淡。某些情况下这束光的亮度会大大下降，变得非常模糊和黯淡，但光的颜色却从不曾改变。"

尽管牛顿的结论是从实验中得来的，他仍然很难让别人接受自己的新观点。但他并不是唯一遇到这种情况的人。在十七世纪,新的科学发现不被人接受是一种普遍现象。开普勒刚提出“卫星轨道是椭圆形”这一观点时,同时代的人都感到难以接受。批评者们的理由是,圆形是更完美的图形,上帝要椭圆有什么用?伽利略发现太阳黑子后人们也用同样的理由反驳他,太阳要黑子干吗?伽利略发现土星的卫星后,有一位意大利学者这样嘲笑他:如果我们的肉眼看不到这颗星,那它对我们就没什么用,因此这样一颗星是不存在的。批评者还提出了基于数字“7”的反对理由,新卫星的发现会让太阳系星球数超过7个,但唯有“7”这个数字才能保持自然界的和谐——这就和人脸上有7个孔是一样的道理。

但并非所有对新理论的反对和压制都仅仅停留在口头上。这些新的观点和提出它们的人都曾遭遇过危险的时刻。例如,罗马宗教法庭在伽利略1623年发表《关于两种世界体系之间的对话》(简称《对话》)后,将他终身软禁,禁止他发表任何观点。笛卡尔之所以于1628年离开法国,是害怕自己会由于某些不受欢迎的理念而受到迫害。笛卡尔流亡到荷兰,直到1644年才回国。约翰·班扬写了十七世纪最著名的宗教书籍之一《天路历程》(这本书被人们称作平民的《圣经》),这本书在1660年至1672年被宣布为禁书,一个荒唐的理由是班扬的布道是未经教会许可的。1600年,因为提出让教廷不快的观点,布鲁诺被活活烧死。牛顿还不至于面对火刑这种严重的迫害,但胡克的批评数十年来都让他不安。当然,胡克并不是唯一反对牛顿的人。

牛顿发表了光和颜色的论文后,欧洲大陆也传来一些批评之声。针对这些批评,牛顿写了许多回信。他还收到来自巴黎科学界的耶稣会牧师伊格内修斯·帕蒂斯神父对他的理论的评论。帕蒂斯神父拒绝接受牛顿理论的原因是,他怎么也不相信不同的彩色光束混合起来会形成白光。帕蒂斯神父的态度基本是理性和有节制的,牛顿以同样的态度回复了他。莱布尼茨在巴黎的导师惠更斯也从纯粹学术的角度批判了牛顿的理论。但比利时人弗朗西斯科斯·利纳斯的评论性质就完全不同了,利纳斯给人们留下的唯一印象就是他的愚蠢、无知、心胸狭隘,这样一个人的批评自然是极其粗鲁无礼的。

批评、指责和反对的信件铺天盖地而来,牛顿回到剑桥,断绝了与外界的一切联系。牛顿甚至向奥登博格暗示他有意退出皇家学会,并且永远不再做任何实验和研究了。

与此毫不相干的微积分研究成了这些争论不幸的牺牲品。牛顿一直打算同时发表光学和微积分的研究,但前者的发表让他深受打击,致使他放弃了发表微积分的愿望。因为与胡克的争端,他已对发表著作心灰意冷。如果此前牛顿发表自己的数学研究成果还有一丝可能,现在这一点可能性也完全消失了。

尽管牛顿在十七世纪六十年代中期就发明了流数积分,但人们要等到二十年后才能见到这一发现。到了那时,牛顿已经不是一个单纯的学者了,牛顿已经成了科学界里的明星和泰斗。

欧洲此时正处于一个剧烈的动荡时期。战争的乌云笼罩在法国和其他欧洲大陆国家的头上,若隐若现。莱布尼茨正是感受到战争的威胁,才先后来到巴黎和伦敦,在伦敦他结识了牛顿。不过莱布尼茨和牛顿不同,他在发表和宣传自己的研究成果时没有表现出丝毫的犹豫。

第四章　佩尔事件

(1666—1673)

莱布尼茨当初的许多梦想被认为是异想天开,到今天都已经变成了现实……

——伯特兰·罗素《对莱布尼茨哲学的批评性解释》前言

在莱布尼茨的大半生时间里,他从未担心自己的光芒会被牛顿或其他人掩盖。莱布尼茨是那个时代成果最多的思想家之一。他广泛的兴趣使他在诸如医学、哲学、地理、法律、物理,当然还有数学等诸多不同领域都做出过重大贡献。莱布尼茨抱负远大,十七世纪七十年代他开始全力钻研数学。他不仅要吸收同时代人的成果,还想综合一切现有的知识,发展出一种通用的数学系统,这种系统可以作为工具不断帮人们发现新的知识。

莱布尼茨早年对数学并不太感兴趣。事实上,直到快三十岁时,他才积累足够的数学知识发展出微积分。他在许多学术领域都有很深的造诣,微积分只是他掌握的众多门类的知识之一。例如,他将人类所有的思想、概念、推理和发现都看作由诸如数字、字母、声音、颜色这样一些简单的基本元素所构成的混合体。莱布尼茨认为可以通过创造一个通用系统来表达所有的人类思想及其背后的联系。这一系统即人类思维字母表,不管多复杂的思想都可以用它表示。它能将任何复杂的思想或事物分解成单个部件,然后加以分析。

莱布尼茨在他的博士论文《论组合的艺术》中,第一次提出普遍语言,又称人类思维字母表。几年后,他对这一构想做了最具想象力和最乐观的描述:"一旦设定好大部分概念的特征值,人类将拥有一种全新的、增强本身思维能力的工具,光学透镜对肉眼能力的提高跟它比将微不足道。如同人的理智高于视力一样,普遍语言的重要性也要远远超过显微镜和望远镜。如果打一个比方,它就像水手的磁针,或者是引导人们穿越科学之海的北极星。"

想用简单的方法来分解复杂的思想,听起来似乎很愚蠢。但恰恰是因为试图建立人类思维字母表,莱布尼茨才发明了微积分。莱布尼茨在写《论组合的艺术》时,他对数学知之甚少,可是这篇论文为日后发明微积分做好准备,因为这篇文章中包含了微积分将要回答的问题。归根到底,微积分是分析几何和算术的知识体系。在莱布尼茨看来,微积分只是普遍语言的庞大逻辑系统中的一个实例。

另外,《论组合的艺术》对微积分战争有直接的影响。这本书是一系列事件的开端,它将莱布尼茨引向巴黎(他发明微积分的地方),然后是伦敦。

尽管莱布尼茨才华横溢,莱比锡大学却在1666年拒绝授予他博士学位。原因是什么并不清楚。一种说法是院长的妻子讨厌莱布尼茨,并说服她的丈夫不授予年轻的莱布尼茨博士学位。或许莱布尼茨纯粹只是大学内部学术政治的牺牲品。博士学位有人数限制,若授予莱布尼茨,意味着另一个更资深的学生没法毕业。

莱布尼茨没有被挫折打倒。他离开了莱比锡大学,同年十月转入附近的阿尔特道夫大学。才过了几个月,1667年2月,他便在阿尔特道夫大学获得博士学位。他在论文《法律中的疑难案例》中明确表示:必须制定出能够处理那些疑难案件的法律。那个时代,很多难以确定的案件的最终判决都是由抽签或其他随意的方式来决定的。莱布尼茨认为应该依据自然公正的原则、国际法以及符合常理的推理来进行判决。

莱布尼茨声称他的这篇论文在学院内引起了巨大的反响。“我的论文大受好评,阿尔特道夫大学授予了我博士学位,”莱布尼茨曾这样夸耀道,“在公开答辩中,我清晰而巧妙地表达了观点。几乎所有人都没料到,一个法律系的学生竟有如此深刻和精辟的见解,就连我的对手也公开地向我表达了敬意。”

获得博士学位后,学校主管教育的官员约翰·迈克尔·达赫尔表示,只要莱布尼茨愿意就可以留任教授。莱布尼茨拒绝了。“这时我的心思已经不在学校里了,”后来他说道,“我放弃了其他全部的追求,将注意力集中到我想赖以为生的一项事业上。”

是什么事业让莱布尼茨拒绝大学的邀请呢?他决定投身法律界。莱布尼茨认为法律是促进社会发展,给人类带来最大利益的崇高职业。律师比大学教授更有益于社会这种想法,现代大学教员会觉得好笑和荒谬。不管怎样,1667 年获得博士学位后,莱布尼茨就此脱离了大学生活。总之,刚踏出校园的莱布尼茨是一个对政治感兴趣、求知欲强、才华横溢、抱负远大的年轻律师,但当时他对数学几乎还是一无所知。

莱布尼茨在纽伦堡附近安顿下来,他很快就加入当地多个学术团体。其中一个团体是炼金术社团。莱布尼茨想知道炼金术的秘密,可非会员是不能接触社团机密的。于是他制定了这样一个策略:找到最难的炼金术教材,抄下最晦涩难懂的词语,拼凑出一篇看起来深奥却毫无意义的文章。后来莱布尼茨说他都不知道自己写了些什么,炼金术师们倒是被他的“深度”震住了,不仅接收为会员,还委任他为社团秘书。一连几个月,莱布尼茨和他们一起参加讨论和辩论。不过没过多久,他就退出了社团,声称炼金组织是“以制造黄金为幌子的共济会”。

1667 年,莱布尼茨的生活出现巨大转折。他结识了富有并且颇有人脉的德国政治家约翰·克里斯蒂安·冯·博伊内伯格男爵。男爵是一位学识丰富的人,在德国的许多城市都享有很高的声望。接下来的五年,莱布尼茨成了博伊内伯格的密友,并担任他的秘书、助手、顾问、图书馆管理员兼律师。这种亲密的友谊对莱布尼茨此后的人生产生了重大影响，几年后，正是博伊内伯格说服莱布尼茨去了巴黎。

男爵把莱布尼茨视作自己的得意门生，他从一开始就对这位助手的学识颇为赏识。男爵曾在给友人的信中极力称赞莱布尼茨："他来自莱比锡，年仅二十四岁，有法律博士学位，但他的才能是无法用证书衡量的。"

在男爵的引荐下，莱布尼茨得到了美因茨大主教兼选帝侯（德意志神圣罗马帝国中有权选举德意志皇帝的诸侯。——译者注）约翰·菲利普·冯·舍恩博恩的青睐。大主教是有实权的地区政治领袖。在这个时期，德国由许多事实上独立的州组成，各州分别由舍恩博恩这样的主教或大主教统治。美因茨既是德国的一个州，又像一个小国家，还是神圣罗马帝国的一部分。伏尔泰曾揶揄神圣罗马帝国既不神圣也不是罗马的继承者，根本算不上帝国。博伊内伯格男爵和大主教交情匪浅，他担任过美因茨的宫廷大臣。男爵于1664年被解职，但不久之后他的女儿与舍恩博恩的侄子成婚，男爵与选帝侯也重归于好。

因此博伊内伯格可以很方便地将莱布尼茨介绍给舍恩博恩大主教。莱布尼茨写了一篇影响很大，思想深刻的文章：《法律教学的新方法》。博伊内伯格让莱布尼茨把这篇文章献给舍恩博恩。在博伊内伯格的举荐下，大主教召见了莱布尼茨。大主教十分赏识这个年轻人，任命二十四岁的莱布尼茨为高等上诉法庭法官。

莱布尼茨受命和一个叫作赫尔曼·安德鲁·拉瑟的学者一起修订法典。他们合力完成了大量工作,莱布尼茨和拉瑟各写了法典中的两章。莱布尼茨撰写的开篇给人留下了深刻印象:"很明显,人类的幸福必须满足以下两个条件——其一,人们可以在法律允许的范围内按自己的意愿行事;其二,人们应该从事物的本质出发,明确怎样的目标是可以追求的。"莱布尼茨试图为不同的法律构建一个通用和系统的理论基础,不管这一基础来自于现代还是古代。

法律改革是当时的热门话题,德国每个州的法规都不相同,神圣罗马帝国治内的法律系统错综复杂。造成的后果是整个德国分崩离析。由于各州自治,诸侯们完全以自己的利益出发决定与谁结盟。德国处于欧洲的中心,在东西南北四个方向分别与不同的国家接壤,因此诸侯们选择与谁结盟对德国未来的命运至关重要。

不仅如此,一个多世纪前,马丁·路德将新教引入德国,宗教改革已经在这个国家造成了许多让人痛苦的分裂。德国各州要么拥护新教,要么拥护天主教,分裂成了对立的两个阵营。1555 年的《奥格斯堡和约》允许各诸侯自己决定其领地的宗教信仰,它使各州的命运取决于统治者个人的偏好,从而进一步分裂了德国。莱茵兰—巴拉丁州就是最具戏剧性的例子,它在 1544 年从天主教转信路德教,1559 年从路德教转为加尔文教,1576 年从加尔文转回路德教,1583 年又从路德教转向加尔文教。

在担任博伊内伯格顾问的五年间，莱布尼茨首次担任了大使，参与到政治活动中。波兰国王约翰·克什米尔于 1668 年退位后，许多人都垂涎王位。王位争夺者中就有博伊内伯格支持的纽伯格王储。受博伊内伯格的委托，莱布尼茨写了一本宣传册，这本小册子不仅赞扬了王储取得的功绩，还从大局分析了波兰的现状，如政府、时局等。尽管王储最后没有当成国王，博伊内伯格仍对莱布尼茨表示感谢。在博伊内伯格的举荐下，莱布尼茨成了美因茨选帝侯议会中的一名议员。

正是因为他和博伊内伯格的这层关系，莱布尼茨才会前往巴黎，然后去伦敦，并最终和牛顿发生冲突。法国是当时欧洲的超级强国，1672 年初，它贪婪的目光又一次投向了其他国家，战争一触即发。作为法国曾经的同盟国，荷兰在 1668 年联合英国共同抵抗法国吞并西属尼德兰的企图。路易十四怒不可遏，马上对荷兰商品征收高额关税，由此引发了一系列贸易纠纷。到 1671 年，双方剑拔弩张，欧洲即将爆发另一场大规模的战争。

当时德国的情况十分混乱。德国的许多州中既有与法国结成同盟的，又有反对法国的。汉诺威公爵约翰·弗里德里希就是一个明显的例子，他的外交政策是支持法国以换取金钱。可是当法国为入侵荷兰而在汉诺威边界屯兵时，这种同盟关系就受到威胁。

舍恩博恩也被迫放弃与洛林公爵的同盟。在 1670 年 7 月的一次会议中，洛林公爵要求舍恩博恩同他一起与英国、荷兰和瑞典结盟。博伊内伯格和莱布尼茨都参与了这次会议，两人都反对这一结盟。

莱布尼茨甚至还写了一本分析局势的册子,有一个冗长的标题:“在当前的局势下,为保护国内外的公共安全以及维持帝国的现状,所应采取的对策”。莱布尼茨说明了与法国为敌的危险性。舍恩博恩听取了莱布尼茨的建议,当数以万计的法国军队涌入洛林时,他选择了袖手旁观,昔日的同盟洛林公爵则被迫逃亡。

博伊内伯格认识到想要与法国强大的军事力量对抗愚蠢之极。除此之外,博伊内伯格还能从美因茨与法国的同盟关系中获得其他好处。博伊内伯格在法国有自己的资产和年金,只要局势平稳,他就能保住财产。他希望自己能出使法国,顺便收回自己的财产。1671 年底,就在牛顿准备发表他的光和颜色新理论时,博伊内伯格正准备出发前往法国。

但法国外交部部长的去世打乱了他的计划,而新外长西蒙·阿诺德·德·彭帕尼在几个月之后的 1672 年 1 月才上任。彭帕尼来到美因茨,请博伊内伯格允许法国战舰驶过莱茵河,以方便路易十四的军队攻击荷兰。既然法国的外长亲自来美因茨,博伊内伯格自己去不去巴黎就无关紧要了,于是博伊内伯格决定派莱布尼茨代替他去巴黎。

莱布尼茨写了一封内容含混的信,于 1672 年 1 月 20 日寄给路易十四。他在信中提出法国可通过“某种保证”获利。但莱布尼茨没有细说是什么保证,文件肯定激起了法国人的好奇,特别是新任外长彭帕尼,因为他在 1672 年 2 月 12 日的回信中要求博伊内伯格前来法国正式提交提议。博伊内伯格1672年3月4日回信给彭帕尼,说他会让莱布尼茨代为前往。

莱布尼茨将入侵埃及当作保证欧洲国家和平的替代方案。这乍看上去很奇怪,但实际上这种联合欧洲国家一致对外的想法并不新鲜。十四世纪初,意大利人马里奥·萨努托在一本书中对教皇提出了相同的建议。实际上,莱布尼茨正是从历史中得到了启发,莱布尼茨入侵埃及的计划可说是萨努托建议的现代版本。但莱布尼茨在他写给法国大使的第一封信中没有提到任何细节,在整封信中他连"埃及"两字都没有提到。

莱布尼茨和仆人于1672年3月19日动身前往巴黎,向法国国王呈递这一最终的解决方案。他还带着博伊内伯格的授权信、介绍信和旅费。莱布尼茨怀着真诚的愿望,想说服法国国王把注意力转向非基督教的中东地区,而不要与欧洲国家为敌。莱布尼茨的任务是秘密的,他此行表面的目的是替博伊内伯格处理一些私人事务。当月底,莱布尼茨到达了巴黎。

和所有第一次到大城市的年轻人一样,莱布尼茨非常兴奋。巴黎是当时欧洲最大的城市,也是欧洲富人和精英聚集之处。尽管彼此曾经兵戎相见,但这并不妨碍法国成为十七世纪欧洲宫廷生活的典范,它的每一个奢华细节和宫廷礼仪都被各国宫廷争相模仿。

莱布尼茨此行的目的是游说法国政府最高层。他喜欢这项任务,因为大使一直是他向往的一项职业。但莱布尼茨缺少成为大使的关键条件——高贵的血统。虽然他代表博伊内伯格,但他本人毕竟不是博伊内伯格。无论如何，他现在有机会向当时欧洲最强大的君主路易十四献计。

路易十四从父亲手中继承王位时年仅四岁，是个不折不扣的“儿童国王”。因为年幼，路易的母亲、红衣主教马萨林先后担任摄政王，掌管国家十多年。红衣主教死后，路易十四接管了国家，成为法国历史上统治时间最长的君主。他是专制君主的典范。尽管有众多的顾问和亲信帮他治理法国，但他始终保留了自己的绝对权力。如果有人能根据自己的意愿更改历史走向，阻止一场即将爆发的战争，路易十四无疑是最合适的人选。莱布尼茨不仅是一个科学家，还是一个杰出的战略家，莱布尼茨的战略眼光比同年代的人超前了一百多年。法国后来在拿破仑的带领下入侵了埃及——拿破仑清楚地知道莱布尼茨所说的半岛价值。1803 年，拿破仑入侵德国并占领汉诺威，他为莱布尼茨早在一个世纪前就预料到这一计划而感到扫兴。

如果莱布尼茨死后有知拿破仑对他的看法，肯定会感到得意。可是一百年前，莱布尼茨的提议由于不合时宜未被采纳，事实上他连提出建议的机会都没有。1672 年 4 月 6 日，路易十四及其朝臣发布了一篇“向荷兰宣战”的简短公告，国王命令将文件从凡尔赛宫发到法国各个角落，以供他的子民阅读，并号召他们“向荷兰人进攻”。既然法国已经准备好，荷兰不得不炸毁堤防，让洪水淹没村庄以减慢法国军队行进的速度。所谓的法兰克—荷兰战争正式开始，自此持续了六年。莱布尼茨到达巴黎时，他的提议已变得毫无意义。尽管如此，博伊内伯格和莱布尼茨依然保持着联系,他们对原计划稍加修改,将进攻埃及的方案变成劝说法国尽早结束战争的方案,即尽早地结束欧洲战争,以便入侵埃及。以此为目的,莱布尼茨起草了《讨伐埃及计划》,全文见解精辟,具有极强的说服力。

为了增加在谈判桌上的影响力,莱布尼茨和博伊内伯格说服美因茨选帝侯舍恩博恩马上写信给正在军营中的路易十四,提出由自己出面调停,然后法国军队就可以立刻前往北非。路易十四断然回绝了这一提议,"不用,谢谢,十字军东征的时代早结束了。"他在给德国宫廷的回信中说道:"我根本不想置评圣战这样的计划。你应该知道,自路易一世开始,这种远征就不时兴了。"

但对莱布尼茨来说,他的个人的"远征"才刚刚开始。他决定充分利用自己待在法国首都的这段时间,这是多么难得的机会啊!他这时独自一人在巴黎,再没有了以前每天都要处理的重要政治事务。他学了几个月的法语,很快适应了新的城市生活。他常常一连几天把自己关在图书馆中。由于他是博伊内伯格的代表,再加上他的介绍信,几乎任何地方他都可以通行无阻。

这种便利的条件使莱布尼茨获得了许多机会。在巴黎度过的几年中,莱布尼茨靠法律工作来维持生活。不要忘了,莱布尼茨原本就是一名业务娴熟的律师。他能为上层社会的人士提供他们需要的服务,例如起草文件、写辩护状、代表富人打理各种事务,以及其他服务。莱布尼茨成功地帮一位外国王子打赢了官司,将他从监狱中解救出来。莱布尼茨还帮助梅克伦堡大公爵与第二任妻子顺利地离了婚。这位公爵极不受子民的爱戴,被迫在1674年从梅克伦堡逃到巴黎。但有个麻烦公爵却无法摆脱,公爵与第一任妻子离婚时,梅克伦堡信奉新教,所以他没遇到任何障碍。但公爵的第二任妻子是位体面的天主教信徒,而梅克伦堡现在也改信天主教,这样一来,离婚非常困难,是莱布尼茨帮他解决了这个难题。

莱布尼茨整日忙于这类法律事务以及其他社交活动。而法律纠纷后来竟成了他生活中的主要内容,致使他无暇从事更感兴趣的知识性的工作。"有大量不同的工作需要我去完成,一部分是朋友的事情,一部分是一些有身份的人的委托,这让我觉得很有压力。"他在1674年写给皇家学会的信中提到:"我能投入到自然和数学研究中的时间大大减少了。不管怎样,我还是会尽量地挤出时间做我的研究的……"

幸运的是,巴黎是欧洲知识精英的汇集之地,与莱布尼茨同时代的最伟大的思想家大都居住在此。莱布尼茨遇到了许多当时欧洲最杰出的学者,并在他们的启发下产生了一些极为独特,甚至是不切实际的想法,如确定经线、气枪、为躲避海盗能潜水的船(即现在的潜水艇),还有改进手表的方法。莱布尼茨在巴黎开始了他的学术生涯。哲学家伯特兰·罗素的评价十分准确,莱布尼茨这一时期获得的知识十分广泛,几乎涵盖了当时整个的知识领域。这时他在数学上也有了一些新的发现。

莱布尼茨是在1672年秋天遇见惠更斯后才开始研究微积

分的。惠更斯是荷兰物理学家和数学家,惠更斯的父亲是著名的文学家和外交家。惠更斯拥有极高的语言天赋,"世界就是我的国家"是他的名言。此外,他把推广科学作为终生的事业。惠更斯的父亲是笛卡尔的朋友,惠更斯终其一生都是笛卡尔的坚定支持者。这有时会对莱布尼茨的工作产生了一些奇怪的影响。例如,当惠更斯发现了土星卫星后,他不再寻找新的卫星。因为笛卡尔的对称理论认为,太阳系的六颗星球只能对应六颗卫星。

尽管这一观点现在看来很愚蠢,惠更斯仍是十七世纪公认的最伟大的科学家之一。当莱布尼茨去拜访他时,他还是巴黎最杰出的自然哲学家,以及欧洲人脉最广的学者。路易十四时期,法国排外情绪严重,可是身为荷兰人的惠更斯不仅协助创办了法国科学院,还成为它的领头人。这足以证明他当时是一位多么受尊重的数学家和科学家。

惠更斯还是一个天生的能工巧匠,他在十七世纪中期首先发明了制作透镜的方法,1655 年,他用改良的透镜制作的望远镜观测到了土星环。惠更斯也是当时最杰出数学家,他用数学方法研究钟摆,并把改进的钟摆作为自己发明的钟表的引擎。惠更斯取得的成就的确配得上他的名声,他一生为科学做了许多贡献。

惠更斯和莱布尼茨从一开始就十分投缘,在接下来的几年里他们建立了深厚的友谊。年长和睿智的惠更斯成了莱布尼茨的心灵导师,他鼓励这位德国人(本书常用"德国人"一词代称莱布尼茨。——译者注)继续钻研数学。“我开始在几何研究中获得极大的满足”,在晚年给一位伯爵夫人的信中,莱布尼茨这样回忆这段时光。

对惠更斯而言,指导莱布尼茨同样是一段让他感到愉快的经历。到1672年底,莱布尼茨在数学上已取得了长足的进步。那年秋天,惠更斯给莱布尼茨出了道求数列和的难题,具体地说是求无穷分数数列和,每个分数都比上一个小:$1+\frac{1}{3}+\frac{1}{6}+\frac{1}{10}+\frac{1}{15}+\cdots\cdots$,莱布尼茨算出了正确答案。惠更斯很吃惊,他鼓励莱布尼茨继续这方面的研究,并向这位年轻人推荐了大量必读书目。其中一本是英国数学家约翰·沃利斯的《无穷算法》,正是这本书几年前启发了牛顿的灵感。另一本是比利时耶稣会的数学家格里高利·圣·文森特的著作。圣·文森特将几何图形看作由无数个无数小的矩形组成,他的著作为莱布尼茨的微积分奠定了基础。微积分的另一种用途是,利用一系列代数方法,将几何图形中的小三角形或矩形的面积累加起来,以求得几何图形的面积和体积。

莱布尼茨还读了伽利略的朋友,博洛利亚数学教授博纳文图拉·卡瓦列里的书。卡瓦列里提出了不可分量的概念。不可分量即一个几何图形可以分解成形状相同的最小部分。例如,线由无数点组成,面由无数条线组成,立体则由无数面组成。人们可以想象一下,一摞煎饼是由每个单独的薄煎饼构成的。1635年,卡瓦列里在《几何学》一书中,证明了圆锥的体积是半径相同的圆柱体体积的三分之一。

在学习这些著作的同时，莱布尼茨开始进行更深入的研究，并提出一些全新的数学理论。他曾考虑将研究成果发表在法国的某份期刊上，但这份期刊突然停办了。除了这一小小的挫折之外，从1672年年底开始，莱布尼茨度过了他人生中最富有创造力、成果最丰硕的一段时间，这也是他进行数学研究的黄金时期。

他在巴黎待了四年半，从一个几乎没有受到任何数学教育的律师，变成了一个不仅掌握当时最前沿的数学知识，而且极大地推进了这一学科发展的杰出数学家。

然而，这段时期也发生了一些让莱布尼茨感到痛心的不幸事件。第一件事是，莱布尼茨来巴黎还不到一年，博伊内伯格就于当年的12月15日去世了。莱布尼茨不仅仅是失去了一个庇护人，他对博伊内伯格怀有最大的敬意和极深的感情，多年后称其为德国最伟大的人。这还不是莱布尼茨听到的唯一的噩耗，博伊内伯格去世一个月后，莱布尼茨的妹妹也去世了。

不过最大的挫折是几个月之后莱布尼茨的伦敦之行。1673年初，博伊内伯格的女婿、美因茨选帝侯的侄子梅尔基奥・弗里德里希・冯・舍恩博恩和莱布尼茨共同执行一项外交任务。年轻的舍恩博恩带着新的和平使命来到巴黎，叔叔交代他尽量劝说路易十四在科隆召开和平会谈。如果路易十四不接受这一提议，就前往伦敦游说查理二世。莱布尼茨刚好待在巴黎，他一直都是为美因茨选帝侯工作的，因此他受命协助梅尔基奥完成这一任务。但到了觐见国王的那天，路易十四只接见了梅尔基奥一个人,而且这次会面几乎没有取得任何成果。

此时法国和英国对荷兰的攻击正处于停滞状态。莱布尼茨和梅尔基奥继续他们的计划,试图抓住这次机会推进和平进程,他们要求和英国宫廷进行一次紧急磋商,向英王提出停战的建议。他们于 1672 年冬天启程,1673 年 1 月 21 日到达伦敦。当时正是胡克攻击牛顿的光学研究整整一年以后。

莱布尼茨和梅尔基奥向英王的提议最终没有被接受,这一结果是必然的。查理二世已经同意和法国联合起来攻击荷兰。英国和荷兰多年来一直都有矛盾。而且只要参战,查理二世就可以每年从路易十四那里获得 10 万英镑的资助。

不过除了政治事务,莱布尼茨的伦敦之行还有另一个目的。他在伦敦会见了皇家学会的会员,并与一些卓越的英国科学家建立联系,特别是罗伯特·波义耳、约翰·佩尔和罗伯特·胡克。他和这些人一起讨论自然哲学、数学和化学。对莱布尼茨来说,英国和巴黎一样让他激动不已。不过有一位学者莱布尼茨没有见到,那就是当时住在剑桥的牛顿。莱布尼茨听过牛顿的大名,知道牛顿和自己一样,也是一位杰出的年轻数学家,并刚成为皇家学会的会员。

莱布尼茨对皇家学会仰慕已久。1670 年,莱布尼茨读了英国的克里斯多弗·雷恩和法国的惠更斯的论文,作为回应,他写了一篇关于物体碰撞的论文《物理学新假说》。该论文的第一部分是解释物体具体的运动,第二部分解释抽象的运动。他把第一部分寄给皇家学会,第二部分寄给法国科学院。

在当时，学术学会并不是什么新鲜事物。莱布尼茨在大学时就参加过几个学会，不过大学里的学术团体跟皇家学会和法国科学院有着天壤之别。1666年，法国科学院被授予皇家特许状，凡尔赛宫的皇家图书馆还为法国科学院单独留出了一间房。艺术家亨利·特斯特林以特许状的授予为主题专门画了一幅画，以纪念这一具有重大意义的时刻。画中描绘了路易十四将特许状交给科学院创立人的景象。

英国皇家学会的起源可以追溯到1645年。一些牧师、数学家、自然哲学家和其他学者每周都会聚在一起举行会议，讨论自然、实验、哲学等问题。这一组织逐渐演变成后来的皇家学会。最初的成员有数学家约翰·沃利斯、天文学家塞斯·沃德、化学家罗伯特·波义耳、统计理论家威廉·佩蒂以及建筑师克里斯多弗·雷恩等。会议并没有一个固定的地点，有时安排在乔纳森·高达德博士家里进行，有时是约翰·威尔金斯家里。几年后沃利斯到剑桥担任教授，学者们继续在伦敦开会，有时也在剑桥聚会。正如波义耳所说的，在这所“无形的大学”中，包括数学、物理、天文学、建筑学、磁学、航海、化学和医学在内的当时最重要的学科都得到了广泛的讨论。

当牛顿和莱布尼茨还在学校读书时，这样的会议一直时断时续地持续着。1658年克伦威尔去世使英国陷入了混乱，“无形的大学”自此不再召开会议。1662年6月15日查理二世即位恢复君主制后，“无形的大学”又恢复了生机，并有了一个正式的名称：伦敦促进自然科学皇家学会。学会拥有98名正式会员，接下来的二十五年间，学会新增了 300 名会员，其中包括莱布尼茨和牛顿。

这些科学学会（或协会）之所以成功，部分是因为在当时的欧洲，科学已经为人们所认可，逐渐流行起来。欧洲的富人和贵族都乐于赞助科学家。法国政府支付科学院成员薪水，并为实验提供资金支持。许多上流社会人士亲自参加在巴黎和伦敦的化学讲座，甚至还加入了法国科学院和皇家学会。查理二世建造了私人的化学实验室，贵族们也开始阅读科学刊物。

十七世纪是人类在科学领域取得重大突破的时期。人们对地球直径的计算误差不超过几码；人们对复杂的太阳系有了与现代人相近的准确概念；人们用望远镜精确观测到了天体运行轨道，并用数学忠实地将它描述出来；人们详细地绘制了人体血液循环图；人们还通过显微镜发现细胞和肉眼看不到的微生物世界。

1673 年莱布尼茨访问皇家学会时，他考虑要不要向学会展示自己花了很多工夫做出的一项发明——数学计算器。惠更斯在给亨利·奥登伯格的信中称它是“有前景的项目”。亨利·奥登伯格是皇家学会秘书，博伊内伯格的朋友和同胞。奥登伯格已经与莱布尼茨保持通信了几年，他决定帮助莱布尼茨，让莱布尼茨和他新发明的计算器在伦敦一鸣惊人。

皇家学会请莱布尼茨演示这个由木头和金属做成的机器，看它怎样利用机械轮进行数学计算。著名的法国数学家帕斯卡发明过一个类似的可以进行加减运算的机器。但莱布尼茨的计算器不仅可以做加减法，还能完成乘除法——至少理论上是这样的。1673 年，莱布尼茨用船把他的计算器运过英吉利海峡，最终运到了伦敦。它只是一台尚未完工，不能正常运行的原型机。即使机器还未完成，莱布尼茨还是决定演示一番。莱布尼茨的讲解倒是非常清楚明白，但他的演示就像是吸尘器推销员在示范产品时突然遭遇停电一样。机器确实不错，但它无法正常工作。

胡克一向以对人严厉而著称，他尤其对莱布尼茨的发明不屑一顾。莱布尼茨在 1673 年向皇家学会展示他未完成的计算器时，胡克已是皇家学会中声望最高的学者之一了。胡克经常对自己的对手恶语相向，牛顿与胡克的争吵就是一个明显的例子，这与公平公开的科学辩论原则是相违背的。其他的例子还有，惠更斯在十七世纪五十年代无意中发明了弹簧秤，他想用它制作一个摆钟。胡克不仅否认弹簧秤是惠更斯的发明，还将这一发明据为己有。他在 1675 年夏天制作了一个怀表并将它献给英国国王。胡克甚至指控奥登伯格，说后者将他的创意泄露给了惠更斯。

胡克对莱布尼茨的计算器同样不留情面。1673 年 2 月 1 日，在仔细检查过机器后，胡克想把机器拆开检查它的内部构造。这并不奇怪，这个机器在当时激起了许多人的好奇心。

今天，人们仍能在汉诺威看到莱布尼茨的计算器的复制品。这是个非常有趣的物件，它的顶部有八个拨号盘供人们输入数字，按加号或减号会使拨号盘复位，机器存有先前的加法或减法结果。机器上的手柄执行乘法或除法，将手柄拨向一边是乘法，拨向另一边是除法。机器上有一排五角形，它们可以用来更正所输入的不同有效位的数字。馆长很有预见性地把它放在一块镜子上方，这样人们只需要从顶上围着机器走一圈就能从镜子中看清它的每一个部位。这是个吸引人的机器，我可以理解为什么胡克要把它拆开。

莱布尼茨的演示还没过几天，胡克就开始公开贬低他的机器。胡克向学会许诺他将做出更先进，而且能正常工作的计算器。就在同一个会议上，胡克还攻击了牛顿。胡克向所有皇家学会成员读了一封指责牛顿的信。但牛顿和莱布尼茨都不在现场，无法为自己辩解。莱布尼茨是从奥登伯格嘴里听到这些指责的。奥登伯格向莱布尼茨解释胡克天生喜欢争吵，难以相处，并劝说他最好的反击就是尽早完成计算器。

胡克参考同胞塞缪尔·莫兰的设计制造出自己的计算器，并按照之前的承诺，于1673年3月5日向皇家学会展示了他的机器。胡克的新计算器让莱布尼茨的机器相形见绌。胡克在几天内就做好了机器，不仅如此，这台机器还实现了他先前所承诺的功能。莱布尼茨花了许多个月制造的机器却什么也做不了。

尽管遭受了胡克的严厉批评，在奥登伯格的推荐下，皇家学会还是于1673年4月19日将莱布尼茨选为会员。莱布尼茨并没有按照当时通行的做法立刻回信致谢，这未免表现得有些失礼。几周之后莱布尼茨才给皇家学会写了封简单的感谢信，学会的一些成员对此颇为不满。奥登伯格不得不告诉莱布尼茨，学会希望他写封正式的感谢信，莱布尼茨又过了几周才完成这封信。不过在莱布尼茨于2月12日拜访过罗伯特·波义耳后，发生了一件更让他难堪的事，我把这件事称为“佩尔事件”。

罗伯特·波义耳是皇家学会的创始成员之一，是一位杰出的实验科学家，他做的科学实验总能产生意想不到的效果，让人们大吃一惊。例如，他把闹钟放入罐子里，用真空泵抽走罐子里的空气。这样，人们就无法听到罐子里闹钟的响声了，波义耳由此证明了声音是通过空气传输的。罗伯特·波义耳还做了许多对比试验，演示压力和气体体积的关系，或两种化合物的反应。他发现某些蔬菜萃取物在遇酸或碱后会变色，这就是石蕊试验的来历。在1661年，他出版了《怀疑的化学家》一书，在书中他提出空气、火、水并不是自然界基本元素，真正的基本元素要更原始和更简单。

对莱布尼茨而言，他与波义耳的会面是段愉快的经历。波义耳比牛顿年长，又瘦又高。他对莱布尼茨的实验很感兴趣。

“佩尔事件”发生在波义耳家中，莱布尼茨在那里遇到了约翰·佩尔。虽然现在没多少人听说过佩尔，但在当时佩尔被认为是英国最出色的两三位数学家之一，他的名声远远超过了他的实际成就。克伦威尔看重佩尔的名声，派他担任驻瑞士的外交官。当查理二世回国，克伦威尔的头颅被悬挂于伦敦街头，他的外交生涯也就结束了。莱布尼茨在波义耳家见到佩尔时，他已经不再担任公职。

尽管如此，佩尔对莱布尼茨在巴黎的研究以及当晚讨论的数学问题都很熟悉。莱布尼茨特意把他在巴黎一些研究成果记下来带到了伦敦,他想向英国的学者展示自己的新发现。在波义耳家,莱布尼茨想给大家留下深刻印象,告诉他们,自己找到了一种通过平方根的减法来解决代数难题的独创方法。

看过这些“原创的”方法后,佩尔告诉莱布尼茨,早在几年前,数学家加布里埃尔·蒙顿在《观察太阳和月亮的直径》一书中使用过相同的方法。蒙顿在书中说明这一方法是法国数学家弗朗西斯·雷格劳德首先提出的。莱布尼茨所谓原创的方法早已存在了。当晚佩尔向莱布尼茨介绍了蒙顿的著作,莱布尼茨马上向住在附近的奥登伯格借了这本书。他看完后发现佩尔所说的千真万确,这真是太丢脸了。这本书在法国也有,虽然莱布尼茨从未听说过,但有可能读过。

这件事无疑会引起一些人的怀疑,莱布尼茨借用了雷格劳德的概念吧?他是剽窃者吧?奥登伯格让莱布尼茨向皇家学会写封信澄清这件事。莱布尼茨在匆忙之中写了说明信,这封信被保留在皇家学会的文档中。后来这封信成了微积分战争的关键文件。尽管这次事件看上去只是一次简单的误会,这封信却证明莱布尼茨不止一次受到怀疑。就因为这个原因它成为关键文件,牛顿直到去世时手里还有一份这封信的复件。

这件事对莱布尼茨来说是段痛苦的经历,让他认识到自己对数学的了解有多么贫乏。这种清醒的认识甚至在一定程度上动摇了他的信心。莱布尼茨在暮年回顾了这段经历,他说自己在访问伦敦时还是个数学的初学者,“当时我只是附带地学一学数学,”他承认,“我完全不知道墨卡托的无穷级数,对几何学的新方法和进步也只是略知一二,连笛卡尔的分析法都不熟悉。”

莱布尼茨马上就会有机会深入学习笛卡尔和其他人的著作。虽然“佩尔事件”对他来说是一个惨痛的教训,但同时也激励他更加努力地学习数学,不久之后他就等来了这样的机会。就在1673年2月12日,莱布尼茨在波义耳家做客的当天晚上,美因茨选帝侯约翰·菲利普·冯·舍恩博恩逝世。莱布尼茨和梅尔基奥得知消息后马上赶回巴黎。梅尔基奥是王储的亲戚,他立刻回到德国陪伴王储。王储为梅尔基奥在宫廷安排了职位。

莱布尼茨在回德国之前给奥登伯格写了封信,申请成为皇家学会成员。莱布尼茨在1673年从巴黎给奥登伯格写了几封信,3月到7月每月一封,10月一封,之后停止了一段时间。回到巴黎后,莱布尼茨加倍努力地钻研数学。“佩尔事件”让他认识到自己还有许多东西要学,在某种程度上讲,微积分的发现既是雄心也是知耻而后勇的结果。

牛顿此时已完成了可以发表的微积分论文,但他依旧继续和胡克等人通信,争论光的理论的问题,结果使得他发表自己数学成果的机会越来越渺茫。

当莱布尼茨返回巴黎时,奥登伯格和柯林斯让他顺便带封信给惠更斯。惠更斯向莱布尼茨推荐了许多书籍,他认为可能对莱布尼茨有帮助。莱布尼茨开始阅读他在伦敦购买的巴罗的著作。不仅如此,莱布尼茨通过购买、借阅,甚至是手抄的方式千方百计地收罗所有能找到的重要数学家的著作。他贪婪地阅读、吸收,试图从这些书中找出相同和规律性的东西,在接下来的几个月里莱布尼茨的数学水平有了巨大的提高。

莱布尼茨读了比他长一辈，在科学史上有重要地位的数学家笛卡尔的书，包括出版和未正式出版的。莱布尼茨读过的其他学术著作包括：卡列瓦里 1635 年写的《几何学》，卡列瓦里发展出了一种分析几何图形的新方法，这种求图形面积和体积的方法可以看作是微积分的前导；福音传教士埃万杰利斯塔·托里切利的著作，托里切利提出了求抛物线面积的方法，莱布尼茨对这种方法做了详尽清楚的解释；吉尔·佩尔索纳·德·罗伯瓦尔和帕斯卡关于极微量和无穷小量的论文，这项研究为微积分的创立打下了基础；约翰·胡德的著作，后者在 1659 年创建了求曲线切线和求代数方程极大极小值的方法；还有勒内·弗朗西斯·德·司鲁思的著作，讲解如何在曲线任一点求切线的方法。

莱布尼茨很快就显示出非凡的数学才能。从长远的角度看，缺少正规的数学教育对他而言或许是件好事，这使他可以不受任何固有思想的限制，独立发展全新的理论。但缺乏训练也使他容易犯错。到 1673 年底，莱布尼茨已经发展出一种新的数学方法，即用无理数列解决困扰同代人的一个数学难题——计算圆的面积，或者说求与圆面积相同的矩形。惠更斯对莱布尼茨的新方法的评价是“极为成功，让人惊叹”。

这还不是莱布尼茨全部的成果。莱布尼茨发现如果将帕斯卡和司鲁思的求切线方法结合起来，便能分析和计算包括圆在内的任何曲线。这一发现为莱布尼茨指明了通往微积分的道路。

第五章　交流还是窃取

(1673—1677)

> 了解那些值得纪念的重大发现是十分有益的,尤其是那些不是靠偶然,而是通过认真的思考而获取的知识……一些有代表性的显著例子能帮助我们更好地理解重大发现是如何产生的。
>
> ——莱布尼茨《微分学的历史和起源》(1714)

回到巴黎后,莱布尼茨的未来突然变得不明确了,他不得不继续为生计奔波,开始寻找其他工作。选帝侯的去世给莱布尼茨带来许多困难,他拖欠了莱布尼茨两年的工资。莱布尼茨试图让年轻的舍恩博恩劝说新选帝侯允许自己继续留在巴黎担任外交使节,负责汇报巴黎的政治、科学和文化活动。新选帝侯的回复是,莱布尼茨可以在巴黎停留一段时间,继续担任外事顾问,但他不会发给莱布尼茨薪水,也不会任命莱布尼茨为正式的驻外使节。

即便如此,事情也并没有到达令人绝望的地步。博伊内伯格去世前安排他比莱布尼茨小几岁的儿子到巴黎,让莱布尼茨指导他的学习。因此,在接下来的一年多时间里,莱布尼茨实际上是受雇于博伊内伯格,担任他儿子菲利普·威廉的辅导教师,他于1672年11月5日到达巴黎。但威廉和他的老师发生了冲突——高傲的贵族子弟与孤独的天才总是难于相处。菲利普·威廉长大后成为著名的总督,最终升至伯爵,后来被人们称为“伟大的博伊内伯格”,这是后话。1670年时的菲利普对严苛的学习没有一点兴趣,特别是莱布尼茨为他设定的课程表——早上6点到晚上10点。精力旺盛的年轻贵族从欧洲的偏远地区来到了声色犬马的巴黎,感到了前所未有的自由。菲利普·威廉更愿意和自己的朋友们在一起玩闹,这引起了莱布尼茨的不满,两人由此产生了矛盾。一段十九世纪的文字是这样描述威廉的:年轻的男爵聪明而有天分,但正处于“喜欢具有强烈刺激性的体育运动,而不是能锻炼头脑的严格学习”的年纪。

莱布尼茨给博伊内伯格家族写了封信,抱怨自己的薪金太少,要求他们再寄些钱以支付威廉的辅导费,以及他以前替去世的博伊内伯格打理各项事务所支出的费用。1673年,威廉母亲的回复是让莱布尼茨中止辅导,并减少他的薪水。1674年9月13日,他被博伊内伯格家族不留情面地解雇了。

莱布尼茨现在不得不寻找新的工作。他的朋友克里斯蒂安·哈伯斯·冯·里奇斯坦为他争取到丹麦国王首席大臣的秘书一职，莱布尼茨礼貌地拒绝了，他一心只想留在巴黎。从 1673 年到 1676 年间，不断争取能留在巴黎的外交或学术工作。不幸的是，没有贵族血统让他无法实现自己的外交家梦想。不管莱布尼茨多么才华横溢，多么有个人魅力，也不管他对法律多么精通，这些对他成为一名外交家都毫无用处。

莱布尼茨试图在巴黎的法国科学院谋求一个带薪职位，就像他的导师惠更斯那样。正是因为这种职位是支付薪水的，挑选成员的程序就更加严格。在十七世纪的法国，民族自尊占据着主导地位。学院的法国成员显然认为科学院里外国人已经够多了，职位和薪金应该留给法国人。惠更斯是科学院最有影响的外国人，他本来可以帮助莱布尼茨，但当时他因为生病而无暇顾及此事。莱布尼茨想亲自向法国大臣考伯特推荐自己，但大臣没有接见他。

为了进入法国科学院，莱布尼茨还进行了其他尝试。在十七世纪的法国社会，如果想获得让人羡慕的好职位，必须得巴结有权势的大人物，贿赂是必不可少的。莱布尼茨什么都愿意做。他结交了加罗神父，此人的钻营能力足以弥补他智力上的不足。加罗本可以帮莱布尼茨，可是他发表的关于荷兰战争的演讲受到莱布尼茨的嘲笑。这触怒了加罗，他立刻改变态度不再支持莱布尼茨。

最后，莱布尼茨无奈地接受并非他第一选择的工作：为汉诺威公爵约翰·弗里德里希效劳。早在 1673 年 4 月 25 日这个职位就提供给他了。公爵几年前就注意到莱布尼茨，当时就邀请他去汉诺威工作。但那时莱布尼茨在美因茨一切顺利,拒绝了公爵的邀请。在接下来几年里,他仍和公爵保持通信。在1671年,他寄给公爵两篇自己写的论文:《论演示灵魂不朽的效用和必然性》和《论人体复活》。他还在另一封信中列举自己在各个领域的研究,包括建立人类思维字母表,这些文件相当于莱布尼茨的智力简历。

博伊内伯格和选帝侯相继逝世使莱布尼茨陷入了困境,他得找份新工作。一回到巴黎,莱布尼茨立刻给约翰·弗里德里希写信,暗示他愿意接受公爵之前的提议。弗里德里希马上抓住了机会,他在回信中允诺给莱布尼茨一份带薪职位,公爵还大度地表示他不要求莱布尼茨立刻回国。

公爵的提议正是莱布尼茨所需要的,因为莱布尼茨根本不打算离开巴黎。即使在答应公爵后,许多事仍一直和公爵讨价还价,他和公爵协商任期,请求更多的时间以完成计算器,要求先完成数学研究等等。莱布尼茨对公爵大肆吹嘘他的计算器,声称他的计算器在巴黎和伦敦都被认为是这个时代最伟大的发明之一。在1675年1月21日给公爵的信中,莱布尼茨询问需不需要为他也制作一台。

从伦敦回来后,莱布尼茨马上开始指导计算器的制作。莱布尼茨是一个天生的乐天派,他告诉奥登伯格计算器马上就能做好。但计算器即将完成时,他不满意原先的设计,决定进行彻底的修改。他一次又一次修改自己的设计,帮他制作的工匠们也逐渐失去耐心。莱布尼茨一个月又一个月地推迟给奥登伯格写回信，奥登伯格大概在伦敦猜测莱布尼茨是否发生了意外，因为距离他们上次通信已经一年有余了。终于，1674 年秋天，莱布尼茨委托即将前往英国的丹麦贵族克里斯蒂安·沃尔特亲自将信交给奥登伯格。在信中，他说自己的计算器终于完工了，只需要转动四次把手，就可以完成十位数乘以四位数的计算。莱布尼茨邀请科学家们到他在巴黎的住处参观这台机器，并当着他们的面亲自进行了演示，所有的人都对这台机器感到吃惊。其中一位参观者是帕斯卡的侄子艾蒂安·佩里耶，帕斯卡在二十年前发明了可以做加减法的计算器，与之相比，莱布尼茨的这台计算器显然有了巨大的改进。它还可以做另两种基本运算——乘法和除法。

莱布尼茨是一个具有传奇色彩的人物。他瘦高个儿，手指和四肢修长，戴一大顶假发，穿着宫廷式样的衣服，配合着富有感染力的手势介绍他的计算器。莱布尼茨是个出色的演说家，他向人们讲解加减法只需要摇几下手柄，人们还来不及把成页的数字抄下来，机器就算出了结果，接着又演示乘除法。法国财政部长考伯特向他预定了三台机器，一台献给国王，一台给皇家天文台，一台给财政部。

计算器只是莱布尼茨这段时间诸多发明之一。他深入钻研数学，只用了几年时间就自学了整个十七世纪的数学知识。经过了一年多的沉寂，1674 年秋天莱布尼茨与奥登伯格恢复通信。他在信中不仅介绍了自己的计算器，还谈到了自己这一时期做的另一些数学研究。到 1674 年，经过一年详尽的研究，莱布尼茨实际上取得了牛顿在几年前独立做出的研究成果。此时莱布尼茨仍然不熟悉牛顿的成果,但奥登伯格即将改变这种状况。

奥登伯格是一个大力宣传现代科学的开拓者。并不是他本人发展出了任何基础科学技术,或在科学期刊上发表了自己的论文,而是因为他成功地创立了第一本科学期刊——《皇家学会哲学学报》。他是《哲学学报》的创刊编辑,从 1665 年 6 月 3 日创刊之日起一直到 1677 年 6 月的第 136 期,他都是这份刊物的负责人。

奥登伯格如何成为在皇家学会具有影响力的人物也是一件有趣的事情。奥登伯格出生在不来梅,1653 年来到伦敦,在克伦威尔政府时期担任不来梅驻伦敦的领事。几年后奥登伯格丢了这份工作,之后在一位英国贵族家里担任私人教师。1656 年,他跟着这家人搬到牛津。在这里他偶然结识了那些后来创立皇家学会的教授。

这样,奥登伯格就成了皇家学会的第一批会员。奥登伯格从 1663 年开始担任学会秘书直到去世。在任职的近十五年内,他都是学会最重要的成员之一。他与七十多个哲学家、数学家保持通信,他为欧洲许多哲学家、数学家和科学家"牵线搭桥",使他们能及早了解和交流最新的科学发现。奥登伯格不但担任皇家学会的秘书,他还通过《哲学学报》帮助英国数学家提高其他方面的科学知识。奥登伯格欢迎欧洲大陆的科学家加入学会,如法国天文学家乔万尼·卡西尼、荷兰物理学家和数学家惠更斯、意大利医生和解剖学家马赛罗·马尔皮基、早期微生物学家安东尼·冯·列文虎克，当然还有莱布尼茨。

由于与众多学者频繁的学术交流，奥登伯格拥有大量信件，甚至引起了政府官员的怀疑，他也因“危险企图和行为”罪名被逮捕。1667 年夏天，他在伦敦塔被监禁两个月。事实上，奥登伯格应该得到更多的信任，而不是这种带有偏见的怀疑。晚年的奥登伯格仍致力于促进英国和欧州大陆的科学新发现的推广和传播。

奥登伯格的这种偏好让他卷入了许多著名的学术争论中。例如，惠更斯在发明弹簧秤后与胡克的论战。惠更斯利用弹簧的振幅控制钟表，这在当时是一项重要的技术进步，法国财政部长考伯特将专利授予惠更斯。惠更斯还在英国注册了弹簧秤的专利。他给皇家学会写了一封信描述这一新发明，不久之后他给皇家学会寄去关于弹簧秤完整的描述。1675 年 2 月 18 日，这封信在皇家学会会议中被宣读。胡克在会上突然向奥登伯格发难，他宣称自己几年前就发明了弹簧秤，指责奥登伯格将他的发明泄露给惠更斯，还暗示这位可敬的秘书是法国的间谍。皇家学会选择站在奥登伯格这边，但直到他死后很久，胡克对他的指控仍然没有得到完全澄清。不仅如此，人们对他的质疑反而因为他在微积分战争中的关键作用而加剧了——正是他一手促成牛顿和莱布尼茨之间的交流。

奥登伯格在英国居住了二十年，莱布尼茨回巴黎后，他是唯一一个与牛顿和莱布尼茨都保持联系的人。奥登伯格促成了两人间的通信往来，牛顿和莱布尼茨给对方各写了两封信，都由奥登伯格代为转交的。

莱布尼茨和奥登伯格相见之前就已有信件来往,1673 年见面后两人的交往更为密切。奥登伯格十分欣赏莱布尼茨,认为这位同胞是伟大的思想家。莱布尼茨同样也尊敬和欣赏这位年长的德国同胞。此外,奥登伯格还是博伊内伯格的朋友,因此莱布尼茨认为奥登伯格会是他获得英国最新数学发现的最佳消息来源。在这一点上,莱布尼茨是正确的,奥登伯格总是及时地向他通报英国数学界的最新成果。

正是这种信息通报让许多人相信胡克的指控,奥登伯格好像真成了间谍。十九世纪描述微积分战争的一本著作提到了以下事实,莱布尼茨和奥登伯格都是来自德国北部。“伦敦皇家学会居然让一个德国人,而不是英国人担任秘书,这的确是一个重大的疏忽,”作者 H. 所罗门在书中这样写道:“这一轻率的行为几乎立刻造成不良后果。一旦碰到‘合适’的人,德国人会毫不犹豫地为同胞友谊牺牲英国的利益。”

所罗门在书中宣称奥登伯格纵容了年轻且有野心的莱布尼茨,而莱布尼茨利用奥登伯格对同胞本能的偏袒,将他变成自己的“代理人”。所罗门指控奥登伯格是通过走后门才为莱布尼茨争取到皇家学会的会员资格。莱布尼茨之所以能进皇家学会,靠的不是他自己的成就,而是年长的德国人对莱布尼茨能力的吹嘘。

“奥登伯格又一次替莱布尼茨辩解,”H. 所罗门这样描述“佩尔事件”发生后这位皇家学会秘书的反应,“莱布尼茨已经成了奥登伯格的宠儿，他爱护莱布尼茨的名声甚至胜过自己的名声……在奥登伯格的运作下，不久人们就惊讶地看到年轻的莱布尼茨成功地当选为皇家学会会员。”事实上，从许多方面看，H.所罗门的指控都荒谬之极。尽管莱布尼茨当时年纪不大，但同一时期的皇家学会会员中有许多人的成就远远比不上莱布尼茨。不过毫无疑问，奥登伯格与莱布尼茨这段时期的通信加剧了十八世纪初爆发的微积分战争。

一次重要的通信是在1673年4月。当时莱布尼茨收到奥登伯格的一封长信。十七世纪七十年代早期，奥登伯格将他从其他人那里收集到的当时英国数学界几乎所有重大发现编辑成集后，寄给莱布尼茨。有许多人为奥登伯格提供这方面的信息，其中有一个叫作约翰·柯林斯的人，被人称作“两个巨人间的矮子”。柯林斯是个小公务员，本职工作是会计，同时也是一个数学爱好者。柯林斯幸运地在与两位最伟大的数学天才的通信中扮演了关键角色。

柯林斯的父亲是牛津郊区的一名穷牧师。柯林斯少年时期在书店当学徒，接着参加了对抗奥特曼帝国的战争，在海军服役了六年。退役之后，柯林斯当过数学老师、会计，最后成为一名在学术圈中人缘很好的数学家（得益于他讨人喜欢的性格）。柯林斯没有取得莱布尼茨和牛顿那样重大的数学发现，也没有奥登伯格推广新科学理论的能力。但柯林斯有一项过人之处，他具有惊人的鉴别能力，能够准确辨别出什么是伟大的数学发现。因为柯林斯懂得代数，奥登伯格请他审阅和讲解牛顿、莱布尼茨写给自己的信，并帮助自己写回信。奥登伯格本人并不是数学家，如果没人帮助，他是无法理解牛顿和莱布尼茨描述的这些晦涩的数学问题的。

柯林斯是帮助奥登伯格的最佳人选，他是少数熟悉牛顿早期数学成果的人之一。牛顿在十七世纪七十年代初给他写过几封信，在信中介绍了自己取得的一些成果。双方维持了几年积极的通信关系。柯林斯很乐意把这些成果转达给奥登伯格。柯林斯是所谓的数学爱国派，不愿放过任何巩固或加强英国在数学或科学上领先地位的机会。

这一期间，柯林斯实际上承担了“数学中介人”的角色。他帮奥登伯格写信给莱布尼茨，向莱布尼茨介绍英国数学界的最新情况，其中就包含牛顿的研究成果。对莱布尼茨而言，整封信最有价值的部分是柯林斯详细列举的当代英国数学出版书目。信中提到的书和论文都是莱布尼茨此前从未听说过的重要数学文献。

尽管如此，柯林斯的信中关于牛顿数学成果的介绍非常含糊，并没有涉及多少细节。柯林斯十分谨慎，他不想透露太多内容，以免威胁到同胞的优先发明权。柯林斯对法国人有很强的戒心，尽管莱布尼茨不是法国人，但他此时生活在巴黎，难免会与法国人保持联系。此外，莱布尼茨还是惠更斯的门徒，后者是英国数学家的主要竞争对手。

柯林斯在他谈到的所有的问题上都有所保留。信中提到牛顿和苏格兰数学家詹姆斯・格里高利对无穷小量的研究，列举牛顿和詹姆斯·格里高利能够解决的问题，但没有提到解决方法。这种遮遮掩掩的做法反而帮了倒忙，当时有许多数学家都能解决这些问题，但用的方法都不是微积分。莱布尼茨因此认为自己创建的方法是完全原创的，是数学史上的一次突破。事实上，牛顿多年前就完成了他现在做的大部分工作。不同之处在于，部分因为伦敦大火，部分由于与胡克的争论，牛顿当时没有发表自己的成果。

下面是这封信中的一小段文字，从中我们可以看出这封信到底透露了多少信息："在立体和曲线几何方面，（在墨卡托发表《对数》前）牛顿先生已经发明了一种可求所有曲线的正交，曲线的矫直，立体的重心和体积的方法……我希望牛顿先生能发表这种新方法……"

收到这封信后，莱布尼茨一年时间都没给奥登伯格回信。他利用这段时间查阅柯林斯在信中列出的数学著作。莱布尼茨发现，不仅仅是当年他提供给佩尔的那些材料，他所做的大部分工作都是前人已经完成的。莱布尼茨既吃惊又激动，他终于知道了自己在哪些方面还需要加强。他再次埋头钻研那些他必须弄明白的数学问题。

在许多个月的沉默之后，莱布尼茨终于在1674年给奥登伯格回信了。奥登伯格根本不知道莱布尼茨这时已经成了一个多么出色的数学家。莱布尼茨在信中说："我很幸运地在几何学方面有了一些新发现……我发现了一些重要的定理，包括某种分析方法，这种方法具有很强的适用性，它是一种通用的方法，我觉得它比任何卓越的局部定理都要有价值得多。”莱布尼茨好像兴奋得等不及回信似的,几周后又给奥登伯格写了一封信,再次强调他在几何学有关曲线分析的分支领域上有了一个“值得注意的重大发现”。

奥登伯格于1674年12月8日给莱布尼茨写了回信,说牛顿和詹姆斯·格里高利都发展出了分析所有曲线的一般方法,可以求曲线的面积、体积和切线等。莱布尼茨在1675年3月30日回信,对牛顿的研究表示了强烈的兴趣:“您的信中提到牛顿找到了解决曲线问题的通用方法,这种方法可以求圆积、曲线长、旋转产生的曲线的面积和体积,还有球形曲线的重心,我推论他采用的肯定是近似法。这种方法如果被证明通用而且方便,那么它应该受到赞扬。我毫不怀疑,这一发现的重要价值将无愧于它伟大的发明者。”

莱布尼茨在巴黎的最后两年,与奥登伯格、柯林斯,最终还有牛顿一直断断续续保持着通信往来。他们彼此隐瞒,相互试探,就像是在进行一场猫捉老鼠的游戏。莱布尼茨在信中总是遮遮掩掩,说三分藏七分,柯林斯也是如此。莱布尼茨对一种叫作正交求积的几何问题提出了许多疑问。正交求积是十七世纪七十年代的热门数学问题,许多数学家尝试使用不同的方法解答这一问题。微积分的出现使这个问题的解决变得轻而易举。莱布尼茨开始模仿柯林斯的语气,以最隐晦的方式吹嘘自己的方法。他开始询问牛顿和詹姆斯·格里高利方法的细节——他们的方法能求双曲线和椭圆的曲线长吗?他提议,用自己“意义深远”的方法交换柯林斯掌握的牛顿和詹姆斯·格里高利的方法。莱布尼茨对牛顿的新方法产生了强烈兴趣，他敏锐地察觉到牛顿在这个领域已经取得了很大的进展。

同时，莱布尼茨自己也取得了重大突破。通过学习帕斯卡等人的著作，他的数学研究一开始就有一个很高的起点。莱布尼茨不久便有了一些属于自己的重要发现。其中一种方法可用于求曲线积，他称之为变形法则，这一发现是通往微积分的关键一步。

到1675年10月，莱布尼茨已经从同时代的学者身上吸取了足够的知识。在一段时间里，他断绝了与外界的联系，专心地研究和分析他人的成果。莱布尼茨很快便度过了“知识孕育期”，开始收获成果。这一年莱布尼茨终于跨越了现有知识体系，进入到此前少有人涉足的微积分领域。1675年10月和11月，他把自己新的想法整理成笔记和文章，这些文件中包含了微积分的基本概念。

此外，莱布尼茨还发明了我们现在仍在使用的微分和积分符号。1675年10月29日，莱布尼茨设计出积分符号。他把积分看作求和，积分符号“$\int$”由S演变而来。新符号的出现为微积分无穷小量问题提供了一种通用的解决办法。新符号还极大地促进了微积分的普及。

莱布尼茨是发明微积分符号的最佳人选。他一直是个实用主义者，当他还是个数学新手时，就希望能以简单易懂的方式交流学术问题。例如,他曾赞扬过哲学家尼兹里奥斯的作品,不是因为尼兹里奥斯书中的理论有多么出色,相反,这些理论在他看来漏洞百出,而是因为尼兹里奥斯清晰的表达。尼兹里奥斯曾指出,任何不能用简单语言表达的思想都是毫无用处的。莱布尼茨认同尼兹里奥斯的观点,莱布尼茨呼吁不要使用术语。莱布尼茨的数学启蒙是他在大学读书时由埃哈德·韦格尔教授帮助完成的。韦格尔在辩论时经常要求对手用明了的德语复述自己的观点(当时的论文或辩论一般是用拉丁文完成的)。韦格尔让莱布尼茨懂得了简单叙述的好处。

毫不意外,莱布尼茨发明微积分后马上意识到要用清晰的方式描述自己的理论。莱布尼茨创造出紧凑而清楚的数学语言,仅仅这一成就足以让他载入数学史。法国数学家克劳德·米里亚特·德斯查理斯向他提出一个问题:如果以与底面平行的平面横截圆锥体,那么怎么计算截得的几何体的体积,莱布尼茨只用一个晚上就解决了这个问题。接下来的几年,莱布尼茨继续研究微积分,并取得了相当丰硕的成果。但他在接下来的十年里并没有发表这一成果。这里我们有必要分析一下背后的原因。

要知道,莱布尼茨生活的十七世纪的社会和现代社会有许多微妙的区别,出版业的区别或许最为明显。在现代社会中,发表作品对科学家而言至关重要,是他们职业生涯获得成功的必要条件。在某种程度上,科学家只有在经受同行严格审评的期刊上发表文章,他的研究工作才算完成,科学家的名誉取决于他发表文章的数量和质量。科学家之间的竞争日趋激烈，只要有了新的发现，他们就会迫不及待地发表。近年来，科学期刊开始将刚刚完成的论文发布到网上——有些文章甚至没有经过编辑。现代科学家会在完成有价值的发现后，就立刻发表它们，因此没法理解牛顿和莱布尼茨，像微积分这么重大的发明居然不马上发表。

莱布尼茨本来可以早点发表他的微积分理论，但他有更重要和急迫的事要应付。尽管在数学史上，微积分是卓越的成就，但它对莱布尼茨的职业生涯却没什么帮助。莱布尼茨必须在1676年初到汉诺威宫廷正式任职。迫使莱布尼茨离开巴黎的力量越来越强，留给他的时间越来越少。那年2月，汉诺威公爵要求莱布尼茨前往汉诺威，必须马上出发。

莱布尼茨面临着不确定的未来。在动身之前，他抓紧时间继续研究工作，并与外界保持通信。他与友人的通信中包含了法律、重力、实验物理的逻辑基础等众多议题。当然，还有数学问题。1675年底他在给奥登伯格的信中保证，一定会向他演示如何用新发明的方法解决几何问题。这里暗示的就是微积分。

就在莱布尼茨发展他的微积分理论时，牛顿仍在处理他的麻烦，都是此前发表有关光和颜色的理论惹的祸。三年来，他和胡克还有惠更斯纠缠不休，不断回击他们的批评，而且看起来这场争论短期内没有中止的迹象。1675年12月7日，他给奥登伯格寄去了一封长信，这封信收录了他的一篇文章，文章的题目是《用来解释我的几篇论文中描绘的光的属性的假设》，该“假设”

就是他对自己的光学理论的进一步辩护。

同年,已经加入皇家学会三年的牛顿前往伦敦参加了他成为会员后的第一次会议。此时的牛顿并没有得意忘形摆出一副不可一世的派头。相反,他尽量保持低调,避免与他人来往。1676年5月,胡克又对牛顿提出了一项新的指控,他在皇家学会大会上宣布牛顿的光学理论是从他的《显微图谱》一书中剽窃而来的。5月25日,柯林斯和奥登伯格找到了被胡克弄得筋疲力尽、焦虑不安、心烦意乱的牛顿,要求他给莱布尼茨写封信。牛顿已经烦透了,此时他并不想把自己的研究成果展示给数学界的竞争对手,因为这很可能引发另一场争吵。

但在柯林斯的极力劝说下,牛顿还是给莱布尼茨写了封信。柯林斯是担心莱布尼茨可能会对牛顿在科学界的地位构成挑战。柯林斯的预感是正确的,莱布尼茨很快就成为和牛顿一样享有盛誉的数学明星了。柯林斯此时即将走到生命的尽头,他的健康状况日益恶化,1676年他又丢了工作。尽管如此,当柯林斯5月从奥登伯格处得知莱布尼茨有兴趣做进一步交流后,他开始收集刚刚过世的詹姆斯·格里高利的学术成果,并将它们整理成册。这份长达55页的文件后来被称作《历史》,它收录了英国数学界近几十年的几乎所有重大成果。

在法国和欧洲大陆其他地区,笛卡尔仍因为他的数学成就而受人尊敬,他在数学上的权威性无人质疑。柯林斯却觉得英国人已经超越笛卡尔,《历史》主要的目的是把英国人的新发现记录下来,这本书更像是成果的展示,而不是学术著作。他想向莱布尼茨炫耀英国数学家的成果,又不想让本国在数学上的优势受到威胁。他一一列举了哪个数学家解决了哪个问题,却绝口不提具体方法。

奥登伯格觉得55页的篇幅太长了,他让柯林斯进行删减,然后将它翻译成拉丁文。不幸的是,这份复杂的文件在翻译成拉丁文的过程中出现了几个错误。

1676年夏天,莱布尼茨终于收到了有些偏执的牛顿的第一封来信。这封信后来被牛顿称为"前信",写于6月13日,6月23日送到奥登伯格手中。几天后奥登伯格在皇家学会宣读了这封信。奥登伯格认为这封信十分重要,他采取了额外的手段以保证莱布尼茨能得到一份复件。六周后,他将这封信的复件和詹姆斯·格里高利信件中的一些摘录一起寄给了莱布尼茨。

由于不放心常规邮递,他把包裹托付给德国数学家萨缪尔·柯尼希,后者即将在8月启程前往巴黎。奥登伯格认为,托人亲自带过去肯定安全一些,而且时机也刚刚凑巧。可是萨缪尔·柯尼希到巴黎后却找不到莱布尼茨,他把包裹寄存在当地的商店里,嘱咐老板莱布尼茨回来后就立刻将包裹转交给他。1676年8月24日,包裹终于辗转到了莱布尼茨手中,莱布尼茨刚收到包裹充满了疑惑……这是什么?英国的来信?!牛顿本人的信!

第一封信长达11页,上面列举了牛顿的数学成果,特别描述了几个能用他的通用方法解决的问题。这封信最主要是介绍牛顿独树一帜的发现——二项式定理。二项式定理可以求方程式的根，并大大简化计算过程。信中暗示牛顿还发展出了某种"更高级的方法"，但他现在没有时间进一步详细解释。但信中并没提到最机密的东西——能解决这类无穷级数问题的工具——微积分。

牛顿非常谨慎，他怀疑莱布尼茨为了诱使自己透露秘诀，假装自己也有秘密。他在信中所说的一切，莱布尼茨早就通过其他渠道知道了。事实上，这封信中唯一新鲜的内容是奥登伯格在信的末尾提醒他关于计算器的承诺迟迟没有兑现。"你既是德国人，又是皇家学会成员，我真心希望你能实现你之前的许诺，看在同胞的份上，请尽快把我从恼人的焦虑中解救出来。"奥登伯格这样结束了这封附带牛顿《前信》的信件："再见，请原谅我的坦率。"

牛顿没有在信中透露他的新式方法这一事实成了几十年后争端中的重要证据。莱布尼茨完全有理由声称自己没有从英国人和牛顿那儿获得一丁点微积分方法。莱布尼茨的观点是，牛顿有解决级数问题的方法，他也有自己独创的方法。事实上，牛顿在《前信》开篇表达的似乎也是同样的意思，他非常乐意承认莱布尼茨独创的数学方法。"我毫不怀疑他也发明了(快速的方法)……这种方法也许和我们的方法类似，如果不是更好的话。"这是牛顿第一封信中的原话。

奥登伯格提醒过莱布尼茨，这份抄写稿可能有一些错误，但他知道这对莱布尼茨不会造成什么影响，"以你的聪明肯定能立刻发现错误"，年长的德国人在附信中写道。

《前信》令莱布尼茨折服,他立刻写了回信,对奥登伯格说这封信中有“许多了不起的关于分析的理念,言简意赅,比许多冗长的文章包含更丰富的信息”,他还说牛顿对级数的研究证明了他不愧是颜色理论和反射式望远镜的发明者。在回复中,莱布尼茨介绍了自己的数学方法和一项个人发明:变形定理。和牛顿一样,他也没有详细地描述这种方法。他还介绍了求圆面积的算法,他同样只提供了最基本的信息,保留了其中的关键技巧,使对方无法了解细节。另一方面,莱布尼茨提出了许多问题,明显表达出继续通信的愿望。这时莱布尼茨马上就要离开巴黎了,仅仅三天后,即 1676 年 8 月 27 日他就寄出回信。在信的结尾,他礼貌地向奥登伯格致意:“再会,让我们永远保持友谊吧。”

莱布尼茨当时过于激动,回信也太仓促,以致信中出现几处错误。柯林斯在抄写寄给牛顿的副本时,由于难以辨认莱布尼茨的潦草字迹而抄错了几处,更加放大了莱布尼茨本身的错误。最重要的是,回信的日期也被柯林斯抄错了。多年后牛顿重新梳理当年发生的事情时,他认为莱布尼茨在自己 6 月发出信件后不久就收到了信。当牛顿重新查看材料时,他错误的假设莱布尼茨花了整整 6 周写回信,因此有充足的时间仔细阅读信中的内容。多年以后,牛顿的支持者们拿这些错误作为证据证明莱布尼茨当时仍是数学的门外汉,他们否认信中激动的语气表明这封信是在仓促中写成的。

牛顿几周后收到莱布尼茨的回复,他以为莱布尼茨花了很长时间酝酿回信，于是也决定慢慢写回信，这一决定导致了后来的悲剧。牛顿花了6周写这封《后信》，于1676年11月3日寄出，但此时为时已晚。莱布尼茨已离开巴黎，这封信经过多次传递，一年后才到达身在汉诺威的莱布尼茨手中。

在牛顿还在仔细斟酌回信措辞时，莱布尼茨已经无法再拖延返回德国的行程了。公爵再度来信给莱布尼茨施压，催促他尽快到汉诺威宫廷任职。莱布尼茨又继续拖延，7月莱布尼茨收到一封语气不那么严厉的来信。这封信是一名叫作卡恩的宫廷官员写来的，他对莱布尼茨拖延这么长时间表示惊讶。或许是感觉到了莱布尼茨根本不想回德国，卡恩并没有在信中指责他，而是向他提出更优厚的条件。信中表示除了宫廷顾问的职位，莱布尼茨还可以管理约翰·弗里德里希的图书馆。

书！公爵和他的手下深知莱布尼茨的喜好，让莱布尼茨管理图书馆就像给吸毒成瘾者提供他最喜欢的毒品。7月里，汉诺威在巴黎的大使给了莱布尼茨一笔旅费。终于，1676年9月13日，公爵忍无可忍，写信通知莱布尼茨，要么立刻来汉诺威，要么就永远不必来了。

莱布尼茨没有其他的选择，他再也无法拖延了，不得不离开巴黎。1676年10月4日，他乘坐邮车永远离开了巴黎。初到这座城市时，他还只是个对法律和政治感兴趣的年轻人，对数学知之甚少。四年后离开之时，他已是全欧洲数一数二的数学家。为了纪念莱布尼茨，现在的巴黎还有以他命名的街道。

莱布尼茨仍然没有直接前往汉诺威，而是在各处游历一番。

第一站是法国的加来，因为遇到秋季风暴，他不得不在这里待了一个多星期后登上驶往英国的船。10 月 18 日，莱布尼茨再度来到伦敦，这次他逗留了一周左右。就是他在伦敦停留的这几天，在四十五年后动摇了世界对他的评价。人们断定就是在这几天里，莱布尼茨剽窃了牛顿早期的研究成果。

莱布尼茨在伦敦再次和奥登伯格会面，他给奥登伯格带来了计算器。但这次会面并没有多大的历史意义，真正重要的事件是他与柯林斯的会面。柯林斯不会德文，对拉丁语也只略知皮毛，莱布尼茨的英文说得也不好。但柯林斯显然喜欢上了这位年轻的客人。他允许莱布尼茨看自己和牛顿的来往信件和论文，以及自己的私人藏书，其中包括牛顿没有发表的著作。柯林斯当时是皇家学会的图书馆长，莱布尼茨待在伦敦的那一周皇家学会正好休会，所以让莱布尼茨看看也无妨，柯林斯是这样想的。莱布尼茨读了牛顿的《分析学》，并做了笔记。他还完整地看了《历史》，这成为多年后指控他学术剽窃的主要证据。牛顿坚信莱布尼茨在巴黎时就看过《历史》，因为《历史》的封面上有一张请莱布尼茨读完该书后尽快归还的便条。实际上，这张便条指的是在伦敦看完归还，莱布尼茨停留期间每天花了几个小时阅读这本书。牛顿却认为莱布尼茨在巴黎花了几个月仔细研究它，而不是只做了几次笔记的快速略读。

不管怎样，这张相当于今天的“便利贴”的十七世纪的便条，后来成为牛顿和他的支持者们证明莱布尼茨在伦敦期间读了《历史》和其他文件的证据。《历史》中详细描述了许多格里高利、佩尔和牛顿的学术成果。特别要提及的是,在柯林斯的帮助下,莱布尼茨还读了一封牛顿写的信,这封信详尽地说明了如何求切线——曲线上任一点的斜率,牛顿咬定莱布尼茨剽窃了他的这一成果。

柯林斯一直试图让牛顿发表微积分理论。但由于之前光和颜色理论已经给牛顿带来了很大的麻烦,他现在不愿考虑发表微积分的可能性。“我真后悔(发表光和颜色的理论),”他在1676年11月8日给柯林斯的信中说,“通过这件事,我明白了,为了自己的利益,最好是把我写的那些东西一直放在箱底,直到我死去。”

牛顿还向柯林斯保证他的方法要比莱布尼茨先进:“你不必担心那位莱布尼茨先生方法比我的方法适用性更广或更简洁,他没有那种方法……从我对他的问题做出的解答中,你可能已经猜到我的更加先进,不过并没有告知他具体方法。”

莱布尼茨离开后几个月,柯林斯向牛顿提到这位德国人的来访,说他们一起讨论过格里高利信件中的某些内容。但或许是为自己的做法感到愧疚,柯林斯并没对牛顿说让莱布尼茨看他的论文这件事。

柯林斯几年之后去世,此时牛顿仍然不知道柯林斯让莱布尼茨看过自己的论文。直到几十年后,莱布尼茨发表了微积分论文,牛顿才开始猜测那年秋天在伦敦究竟发生了什么事。但牛顿的猜想并不完全准确,因为他过度夸大了事实。《分析学》是一个关键的证据,足以证明牛顿先发明了微积分,却不足以证明莱布尼茨剽窃。但由于莱布尼茨的确看过了牛顿的论文,我们似乎可以这样说,盗用牛顿成果的可能性是存在的。

事实上,莱布尼茨确实记下了《分析学》的部分内容,但记下的并不是微积分公式,而是书中的其他部分。今天几乎没有人怀疑牛顿和莱布尼茨各自独立发明了微积分,因为莱布尼茨早在 1675 年 10 月就将微积分的相关概念记在了自己的笔记中,这比他看到牛顿的论文要早几个月。

牛顿和莱布尼茨当时并没有发生争执,但冲突总有一天会爆发的。莱布尼茨正在回德国的路上,准备开始全新的生活。牛顿对数学渐渐失去兴趣,他曾说数学既沉闷又无趣,转而开始研究炼金术和其他学问。

莱布尼茨离开伦敦时心情很好,他兑现了对奥登伯格的承诺,还交到了柯林斯这个新朋友。他在伦敦结识了贵族鲁普切特・冯・德尔・法尔兹,乘坐他的游艇来到鹿特丹。他在等船时写了一篇关于世界语的论文,并在一封写给朋友的信中抱怨只能和水手聊天。

莱布尼茨从鹿特丹来到阿姆斯特丹,在这里认识了许多显赫人物,其中就有数学家约翰・胡德,胡德独立发展出许多微积分的前导方法,例如求曲线切线、求双曲线面积的方法。莱布尼茨到周边地区游历了一番,去了哈勒姆、德莱顿、代尔夫特、海牙,最后回到阿姆斯特丹。他还见到安东尼・冯・列文虎克。列文虎克也是皇家学会成员,因为发现微生物到现在还为人们熟知。他还与斯宾诺沙就哲学和神学问题进行了长时间的交谈。

1676 年底,莱布尼茨终于到达汉诺威。就在莱布尼茨待在巴黎的最后一段时间,他原本打算制止的战争也结束了。1678 年的《奈梅亨条约》结束了法荷战争。荷兰得以维持其领土的完整性,作为对法国的补偿,路易十四得到了洛林。这份条约准备了很长时间,一年前,莱布尼茨就开始起草呼吁召开和平会议的文件。1677 年 6 月,牛顿那封信经过几次转手,才送到莱布尼茨的手上,信上还附有奥登伯格的便条。

正如前文提到的,这封信在牛顿寄出一年后莱布尼茨才收到。奥登伯格的附信写于 1677 年 2 月 22 日,解释说"推迟到现在才写信是因为我不想在寄送的过程中丢失这些重要的资料,其中包括牛顿的一封信。他在这封信中详尽地说明了一些重要的观点"。

第二封信长达 19 页,牛顿对莱布尼茨极尽溢美之词,"莱布尼茨求收敛级数的方法确实精巧,仅凭这一项发现,也足以显示作者卓越的才能"。牛顿此时也对莱布尼茨的发现表现出浓厚的兴趣。他写道:"莱布尼茨是位杰出的学者,我当然要给他更详细的回复。这一次我会在信中展示更多的细节,希望我无趣的叙述不会影响您重要的工作。"

牛顿的信表面上十分热情,但实际恰恰相反,他并不太想继续和莱布尼茨保持通信。在信中他对自己最重要的数学发现做了长篇大论的隐晦的描述。他再次提到级数和二项式定理,以举例的方式提到他的流数法(微积分)。他声明自己发现了某种通用的定理,来向莱布尼茨炫耀。当然他还是克制住了自己,没有泄露实质性的内容。

但是牛顿还是立刻就后悔了。他在1676年底把这封信寄给奥登伯格后,又要求他做了一些修改,“两天前,我把给莱布尼茨的回信寄给你了。看过原稿后,发现有些要删除和修改的地方,现在我无法自己修改了,希望在信寄出之前,阁下能代我完成”。

牛顿谨慎到了无以复加的地步,信中只要有一句涉及微积分的话,他就用让人无法读懂的方式来表达,即回文构词法。这是那个年代既保证发明者的优先权,又不泄露关键内容的常用方法。“这些运算的基础已经非常明显了,不能再进一步说明,因此我将它藏在这个句子中:6accdoel3eff7i319n4o4qrr4s8tl2ux ...”

秘密被藏在这些经过颠倒和编码的字符中。一旦经过正确的排序,并翻译成拉丁文后,它的意思是:“在方程式中,由任意流量值均可求得它的流数,反之亦然。”

那么莱布尼茨能猜出来这种回文的意思吗?不可能。为了演示这有多困难,仅以“coffeepots”这一个词为例,最简单的密码是把每个字母用紧随其后的字母代替,“coffeepots”就会变成“dpggffqput”,然后随机打乱顺序,“dpggffqput”就会进一步变成“fpgqpufdtg”。现在的“fpgqpufdtg”和本来的“coffeepots”毫无相似之处。同样的道理,破解牛顿的句子难度会更大。

用回文构词法在那时并不稀奇,惠更斯发明用在怀表上的弹簧秤后也是这样做的。牛顿这样做的用意是表明自己拥有流数法，但无意与人分享。他很清楚莱布尼茨根本无法破解。就算莱布尼茨知道牛顿编排密码的方法，他还是没法得出正确的答案，因为牛顿在抄写的过程中弄错了一个字符。

尽管有那些无法理解的回文，莱布尼茨仍然很高兴收到牛顿的回信。他已经在相对闭塞的汉诺威待了几个月。莱布尼茨收到《后信》时，正处于知识上的“戒瘾期”。1677 年 6 月 11 日，收到信才几天，莱布尼茨就给牛顿回了一封信，他在信中表示了感谢，并提出了若干问题。他告诉牛顿自己的微分法精髓所在，并请求牛顿继续与他通信。“我很高兴，牛顿在信中说明了他的那些完美的理论的研究方向。”几个月后，他又给牛顿写了一封信，几乎是恳请牛顿继续与他通信。莱布尼茨还要求奥登伯格寄给他几份《哲学学报》的副本，并多介绍英国最新的发现。

奥登伯格在 1677 年 8 月 9 日回复莱布尼茨，告诉他，牛顿因为要处理其他事务，短期内无法回信。牛顿再也没有回信，因为与胡克就光和颜色理论的争论已经让他焦头烂额了。牛顿既没有时间，也没有意愿。事实上，牛顿的《后信》中还有给奥登伯格的附信，他在附信中写道：“我希望这封信能满足莱布尼茨先生的好奇心，在这封信之后，我认为没必要再讨论下去。因为我现在为其他事务所困扰，无法挤出时间考虑他提出的这些问题。”

在寄出给奥登伯格的第二封信后两天，牛顿又给他写了一封信，请求他，“在未经我特别允许的情况下，请不要发表我的任何数学论文”。接下来的几年里，牛顿基本上没给奥登伯格和莱布尼茨写过信了。

1678年8月,奥登伯格和妻子前往肯特度暑假时感染严重的热病,不幸双双去世。奥登伯格的去世中断了莱布尼茨和牛顿的交流渠道。本来他们之间的交流就不顺畅,中间还遇到莱布尼茨跨国旅行,最后因为奥登伯格的去世而完全停止了。

接下来的十年,牛顿和莱布尼茨完全断绝了联系。牛顿把自己封闭在剑桥的办公室里,莱布尼茨此后则一直在汉诺威宫廷任职,忙于处理各种宫廷琐事。

第六章　谁先发表微积分

(1678—1687)

如果一场争吵需要两个人,那一场著名的争吵需要两个天才人物。

——摘自 A. R. 霍尔《哲学家的战争》

准确地说,今天的德国汉诺威可不是 300 多年前的古城,而是一座新的城市。这座城市在二战期间被盟军的轰炸彻底摧毁,每一条街道,甚至每一幢建筑都是战后重建的。今天的汉诺威是一座大学城,集中了德国的许多大学,拥有 50 万人口。

在汉诺威机场,你可以看到一条迎接旅客的醒目的大标语:欢迎来到汉诺威,这里是国际会展之城。当被问到这里都举行什么类型的展览时,当地居民会告诉你,主要是与工业有关的展览,例如电脑和机械的展览。显然,这些展会最初是由莱比锡举办的。二战爆发之前,莱比锡都有举办展会的传统,但战后莱比锡被划归给了东德。

莱布尼茨作为一个勤勉的莱比锡移民来到汉诺威。他在这里度过了四十年,他人生的一大半时间都在为汉诺威公爵效力。他的工作包括建立宫廷图书馆,研究王室的家族宗谱,撰写王室历史。

莱布尼茨于1698年搬到新住处,他在这个建于1499年的建筑中度过了人生最后的二十年。和整个城镇一样,如今这里的建筑全都是二战后重建的,1943年的轰炸完全毁掉了这些建筑。战争结束后,人们就城市的重建方式进行了讨论,特别是莱布尼茨的故居。当讨论终于有了结果时,莱布尼茨住处原址上已经建起了购物中心和停车场,因此,今天的莱布尼茨故居是在另一处地址上建成的。不仅如此,新建筑面临另一个问题,新的地址旁已经有了其他的建筑,如果完全按原貌复制,那么必然会占用相邻建筑的空间,所以大家最后决定建一座只是外表复原的现代建筑。

莱布尼茨故居现在成为汉诺威大学的一部分,于二十世纪八十年代对外开放。整个纪念馆有一间客房,一个会议室,一层是一个小型博物馆。博物馆中收藏了一些论文原件,一幅莱布尼茨的肖像和一座半身塑像,还有他的头盖骨的人工铸件。莱布尼茨故居的外部精确地重现了那个时代的建筑风格,但它的内部构造和当年的实际情况差别很大。

汉诺威是个大学城,城外的路标提示人们附近有大学。汉诺威大学是下萨克森州规模最大的学校,约有2.4万名学生,是个适合游览和生活的地方。但在莱布尼茨生活的时代,这个城市要小得多。

今天看莱布尼茨是个纯粹的学者,但当时他并没有选择学术道路。以当时莱布尼茨的地位和处境,到汉诺威宫廷任职是很自然的选择。在他所处的时代,许多想挤进上流社会的精明人都试图在欧洲王公的宫廷中谋得一个职位,达到这一目的最有效的途径就是设法帮助王储和公爵增加税收。战争、饥荒还有奢侈的宫廷生活要消耗贵族们大量的金钱。诸侯领主特别欢迎那些能帮他们想出新的赚钱方案的人,莱布尼茨则是帮王公敛财的好手,很少有人在设计新的税收方案上比莱布尼茨更有创造力。他同时还为附近的许多宫廷效力,如策勒、沃尔芬比特尔、柏林和维也纳。

莱布尼茨是不太情愿地来到汉诺威的,在那里度过了人生的大部分时间。伯特兰·罗素曾说在宫廷任职是可悲的,是浪费时间。但对当时的莱布尼茨来说,这是一种符合情理的选择。他认为自己所处的时代是最好的时代,这种观点受到了十八世纪的人们的批评,但莱布尼茨的确花了大量的时间改进他的生活。

莱布尼茨知道现实社会中权力掌握在少数人手中,他相信新乌托邦主义,认为握有权力的人应该是睿智、虔诚、仁慈的领袖。在他们的领导下,人们能发挥出最大潜力。要求所有的贵族和世袭统治者都是贤者显然有些不切实际,因此他认为所有的社会改革应该控制在现有的政治权力结构内,而且是统治者自愿做出改变。他希望启发和教导王储、公爵和其他统治者,以使他们能做出正确的决定。他之所以对汉诺威的工作产生兴趣,是因为公爵看起来既睿智又有权力。

莱布尼茨接管了有3310本图书和许多手稿的汉诺威图书馆。不过他仍不满足,他向公爵建议扩大图书馆馆藏。由于莱布尼茨刚从欧洲顶级的学术中心回来,他完全有资格提出这样的要求。接下来的许多年,莱布尼茨为图书馆增加了几千册藏书。

莱布尼茨获得的不仅仅是书。来到汉诺威才几个月,他就请求升职,公爵答应了他的要求,将他升级为高级顾问,薪水也增加了。开始,莱布尼茨对他的新生活很满意,他给国外朋友的信中说自己很乐意为公爵效劳,后者既聪明又有眼光,允许他在忙碌的一天中抽时间做自己的事,给他足够的时间继续探索知识。莱布尼茨甚至在信中说,比起享受各种自由,他更喜欢为约翰·弗里德里希公爵工作。

公爵对莱布尼茨也十分欣赏。哲学家安托万·阿尔诺是一位有名的学者,同时还是公爵在巴黎的私人顾问。他的话给公爵留下了深刻印象。安托万曾这样称赞莱布尼茨:能够阻挡莱布尼茨的,只有他的新教信仰。公爵很认同这一评价。

但汉诺威毕竟不是科学革命的中心地区。尽管按德国标准它是个大城市,可是人口仅在1万左右,欧洲真正的大城市,如马德里、阿姆斯特丹的人口都超过了10万,伦敦甚至接近50万。即使汉诺威宫廷是十七世纪德国最高雅和最文明的宫廷,仍然没法跟巴黎比。这里没有伦敦和巴黎那样的科学团体。或许除了公爵,这里也没有与他智力相当的人。

公爵和莱布尼茨志趣相投,据说约翰·弗里德里希经常和莱布尼茨一起做物理化学实验。莱布尼茨头脑灵活,常常会有一些奇思妙想。公爵有足够的聪明领悟莱布尼茨的意图,并大力支持他实现这些想法。

莱布尼茨的宏伟蓝图是,通过科技的推广和应用来促进基督教世界的发展。1678 年,他向公爵提交了三份备忘录,提出了建议和方案,从农业到行政管理,几乎包括了所有领域。这些提案包括:进行经济调查、统计工人数量、自然资源等原始数据,从而衡量汉诺威的经济状况;增加经济产量的具体办法;建立新的贸易学院教导年轻人;建立类似现代百货公司的商店,人们可以在那里以低价买到各种普通商品;建立由他自己掌管的汉诺威档案馆,以便人们更方便地获取信息;建立信息中心,人们可以在那里获得稀有商品和服务的信息;奖励高产的农户;等等。

提出这些建议后不久,莱布尼茨撰写了《天主教的证明》一书,试图证明天主教与新教和解的合理性。从 1517 年马丁·路德质疑教皇权威开始,到 1536 年法国传教士加尔文来到日内瓦,新教改革已进行了一百多年,天主教受到巨大的冲击。十七世纪中叶,路德和加尔文的影响传遍欧洲,渗入英国、苏格兰、法国、荷兰、神圣罗马帝国的大部分地区、波兰小部分地区和其他东方地区,甚至还包括新大陆殖民地。

莱布尼茨并不是当时唯一意识到基督教会重新统一的重要

性之人。他知道这种统一不可能立刻完成,但还是希望在两种神学体系中找到共同之处,在这两种传统之间达成共识。因此他与许多天主教和新教徒都保持通信往来。

十七世纪的最后二十五年,莱布尼茨是路德新教与天主教之间的首席调解人。路德新教与天主教在信仰和宗教仪式上已有了很大的分歧,是两者统一的障碍。其实,在神学上两者并无不可调解的矛盾,真正难以消除的是双方多年来的积怨。例如,天主教必须同意不再认定所有的新教徒都是罪人,而新教也不能再称教皇为反基督者。不出意料,一些宗教领袖不肯让步,从1683年开始的调解最终还是失败了。

1679年,约翰·弗里德里希的逝世给莱布尼茨的个人生活和事业造成了双重打击。公爵的去世让莱布尼茨悲伤至极,为纪念这位朋友兼雇主,他写了两篇悼文,其中一篇用拉丁文写成,另一篇是法文诗。

约翰·弗里德里希的弟弟恩斯特·奥古斯特继承了爵位,莱布尼茨继续担任顾问一职。莱布尼茨马上向新雇主提出了他的改革方案。他小心地对方案进行若干修改,因为新公爵并不是他哥哥那样的哲学家。恩斯特·奥古斯特是一个以勇敢著称的战士。奥古斯特成为公爵后,图书馆失去活力,恩斯特·奥古斯特花在寻找新书的精力只是哥哥的一小部分,他把大部分钱花在了继承爵位前赊购的物品上。他不如死去的兄长那么虔诚,却远比他粗暴。据说恩斯特·奥古斯特喜欢饮酒、美食和女色——这不一定是按顺序排列。但可以肯定的是,他沉溺于饮酒作乐，性情古怪，年轻时在巴黎和意大利沾染了各种恶习。

恩斯特·奥古斯特关心的主要是如何巩固他的地位和过上更奢华的生活。要满足他的这些欲望，金钱是必不可少的，莱布尼茨觉察到这一点，投其所好，向公爵提出增加收益的方案。为了增加国库的收入，莱布尼茨提出一项雄心勃勃的计划。

几个世纪以来，哈尔茨山脉一直是银矿开采地。随着矿井的加深，井内渗水越积越多。如果要继续开采，排水势在必行。在干旱季节，由于溪流干涸，水泵缺乏动力，无法排出矿内积水，因此这段时间银矿产量会减少。荷兰工程师彼得·哈特辛格设计了一种同时由水力和风力驱动的排水泵，即使在缺水季节水泵也可以继续运行。这个天才的设计充分运用了风能，将渗透水泵入一个地下蓄水池。当风力减弱时，打开蓄水池的闸门让水流到下游河流，下行的水流又可以继续驱动水泵排水。

这个发明遭到了莱布尼茨的嘲笑，他宣称自己能设计出只靠风力驱动的泵。他开始着手设计和建造效率更高的风车。如果莱布尼茨设计的风车能稳定运行，那么即使在冬天银矿也可以开采，银子将源源不断地流入皇家国库。

莱布尼茨建议用增加的利润资助他的另一个创意，也是他最重要的一个提议。他想成立一个帝国科学学会，规模要比巴黎的科学院和伦敦皇家学会更大。让该学会的学者们收集、分析能找到的各种科学理论，并将它们分解成最基本的知识点，再以此为根据建立新的理论，最后编撰出一部几乎包含所有人类知识的百科全书。

莱布尼茨认为,句子是由单词按一定的语法规则组成的,人类的思维也是遵循某种特定的语法由通用的思维字符构成的。只要能找出正确的语法规则,就能解答所有的问题,从最重大的问题到最微不足道的问题。只要人们将遇到的问题分解为适当的象征符号,然后将这些符号依照特定的语法规则连接起来,形成这种规则所要求的逻辑形式,就能得出正确的答案。它是对人类思维的最佳分析方式。就像词语是由字母组成,思想也可以看作是由一系列具有普遍特征的思维字母组成的,这样就可以建构人类思维的通用语言。

通用语言是一个大胆而美好的创意,但要实现它并非易事,而且要花费大量金钱。在汉诺威很难筹集到资金。与权力高度集中的国家不同,所有的德国宫廷都没有像法国那样广泛的税收来源。尽管汉诺威希望能拥有凡尔赛宫的权力,但一个德国诸侯国毕竟无法与法国相比。莱布尼茨提出了自己的解决方案,增加矿山的产量,用增加的收入支持他的研究项目。

要增加产量,首先得排出地下水。莱布尼茨最初交给公爵的备忘录很含糊,只是说他有办法增加产量。他最后才透露他打算设计一种利用压缩空气的新水泵,这种水泵能降低摩擦力,更有效地转换能量。他信心十足地保证,通过在风车上安装可折叠并可根据风的强度开合的帆,新的风车在微风中产生的能量就能超过老式风车在大风下产生的能量。他还提出一个水平风车的设计方案,这种风车看上去就像翻转的水车。

莱布尼茨的这些提议是在上一任公爵去世前提出的。约翰·弗里德里希并不太看好这些提议,但他相信莱布尼茨,因此同意了哈尔茨山银矿排水计划,并与莱布尼茨签订了合同。约翰·弗里德里希去世时,这个计划已经确定了。新任公爵也乐见其成,因为它意味着一笔新的财政收入——至少起初他是这样想的。即便如此,他还是让莱布尼茨自己承担了建造新风车的部分费用。

工程始终面临着严重的成本超支和各种预料不到的支出。莱布尼茨最初的预算是330泰勒,到1683年中,成本已经猛涨到2270泰勒。从一开始这个工程就处于混乱状态,矿务局从头到尾都持反对意见。或许是遭到了各种各样的阻碍,莱布尼茨怀疑有人在暗中破坏。他向恩斯特·奥古斯特抱怨,官员在每个关口都设置路障,并且用谎言和威胁鼓动工人们反对他。矿务局也在给公爵的汇报中数落莱布尼茨的不是。

计划仍然没有任何收获,成本还在继续上涨,早已厌烦的恩斯特·奥古斯特于年底停止提供资金。莱布尼茨不得不自己出钱继续他的计划。莱布尼茨在1683至1685年间对他的新风车做了一系列测试,但他只取得了部分成功。机器经常发生故障,导致计划延迟,成本上涨。时有时无的风甚至让测试变成一种折磨。到1684年年中,矿务局的每周工程报告只剩下了对工程的负面评价。莱布尼茨把计划的失败归咎于工人和矿务局官员的不合作。莱布尼茨认为工人和矿务官员担心自己的生计受到工程威胁,所以才暗地里破坏,导致工程毫无进展。

到1685年4月14日,公爵终于决定终止这项工程,他命令莱布尼茨即刻停止修建风车。

究竟是什么导致这一计划失败？原因是多方面的。庞大的支出；从始至终都得不到其他人的支持；不合作的天气等等。但这次经历给莱布尼茨带来了意想不到的收获。为了积累经验，他到欧洲各地游历，考察了许多矿场。他全身心投入，从管理方式到化学技术以及地质情况，都做了全面评估。每去一个新地方，莱布尼茨都会抽时间到当地矿场看看，他逐渐变成了一个采矿专家。他甚至想出了改变银条成分的方案，汉诺威开采的银要比其他地方更纯，莱布尼茨发明了一种在铸制银条时混入其他矿石的方法。

在调查过程中，莱布尼茨开始对岩石以及岩石的成因产生了兴趣。他在旅行中从不放过研究化石和地质构造的机会。他开始思考矿石的来源，搜寻相关证据，并提出了一些惊人的理论。例如 1692 年，他发现一个巨大的史前生物的牙齿，他并没有停留在这是某种远古的怪兽存在的简单推论上，而是推断这里曾经被海洋所覆盖。他还假设早期地球的表面是炙热的。在某种程度上，莱布尼茨是地质学之父。他写了历史上第一篇关于地球的物理构造的论文，预示着现代地质科学的开始。

尽管莱布尼茨知识丰富、充满热情，他的风车计划仍以失败告终。排出矿井中的积水、增加国库收入、为学会及学者筹集资金，这些目标莱布尼茨一项也没能实现。此外，哈尔茨山银矿排水工程对莱布尼茨自己而言也是一场灾难，他在这个项目上花了一大笔钱。

几乎与此同时,牛顿停下了在学术上前进的脚步,越来越远离科学和数学。从十七世纪七十年代末到八十年代初,牛顿一直专注于神学和炼金术。牛顿对他的光学理论引起的争论感到厌烦,同时他对其他领域产生了浓厚兴趣。他认为这些领域的知识更加重要,更值得自己将后半生的时间投入其中。

牛顿在炼金术上倾注了大量精力,他花费大量时间搜集和复制各种炼金术的文献,编写了范围广泛的化学品手册。牛顿自己整理出了数百项主题,每个主题下都收录了一百种炼金术文献,并附有自己的评论。这绝对是一项考验人的枯燥工作。对今天的人而言,阅读这些文献是不可想象的。一些著作非常怪异,让人不可理解,特别是对那些没有接触过炼金术的人。这些古书中充斥正常人无法理解的奇怪符号和神话传说。事实上,这些符号是用来标注不同元素或化合物(例如铅、铜,或汞)的注释。

牛顿同样对神学问题抱有浓厚兴趣。他写过专门阐释《圣经》启示录的文章。对如何理解丹尼尔和约翰的预言这样的课题持续研究了多年。例如,牛顿认为《圣经》在四世纪和五世纪遭到了篡改。他写了好几篇关于三位一体的论文。他在 1690 年曾在论文中解释说:“最近一些作家的论述使人们怀疑《圣经》中与三位一体的有关文字是否是真实的……现在我将向你展示各个年代的《圣经》是怎样叙述三位一体的,并且根据历史记录,这些描述是怎样逐渐发生变化的。我这样做完全是自觉自愿的,因为你知道,他们(天主教教会)已经假借神的旨意给人们带来许多痛苦。”

在某种程度上，牛顿也是一个历史学家。他运用数学原理纠正并改进了古代编年。牛顿想从《圣经》中找出与历史事实相吻合的叙述，并用《圣经》解释一般的历史细节。例如，牛顿通过查阅《圣经》得出结论，特洛伊城陷落的日期（当时被确定为公元前1184年）是错误的。他认为正确的日期是公元前904年。为了实现重建耶路撒冷圣殿的计划，他研究那个时代不同学科的典籍。他仔细阅读了描绘圣殿的古籍，将古代的度量转化成英制度量，以确定圣殿原始的尺寸。

当牛顿去世时，他编撰的《古代王国修正编年》已被公认为是他最重要的成就之一。这本书是如此为人们看重，以至于1725年，法国的尼古拉·弗雷列甚至在未经授权的情况下出版了该书。《编年》的正式版本要到牛顿去世后的1728年才面市。《编年》整理出了亚历山大大帝的马其顿帝国、希腊、亚述、埃及、巴比伦和波斯帝国等各国的年表。这本书的名字常常会让人误以为这是一本有趣的叙事性历史书。

和许多伟大的历史人物一样，牛顿也为我们留下了许多难解之谜。并不是因为他不告诉妻子自己在研究什么，或私下里为政府做与战争有关的科研。事实上，牛顿从未结婚。牛顿的麻烦更多的来自于科学界的阴谋，而非当时国家之间的战争。之所以说牛顿是一个谜一般的人物，他一方面在自然科学领域对人类做出了巨大的贡献，另一方面他又将大量的时间用在神学和炼金术上。即使某些研究是他所生活的时代的人们所感兴趣的，人们也很难想象这样一个杰出的科学家会将如此多的时间浪费在炼金术、神学、历史年表以及《圣经》上。

牛顿已经将他的微积分成果束之高阁，但莱布尼茨打算正式发表他的第一篇微积分论文，这篇论文可被视作打响微积分战争的第一枪。

莱布尼茨是在负责哈尔茨采矿工程期间发表他的微积分论文的。莱布尼茨主持采矿工作时，接待了奥托·门克教授。门克教授是莱布尼茨年轻时在莱比锡结识的朋友。为了让德国学者能及时了解德国各州甚至全欧洲的最新的科学发现，门克产生了创办学术期刊的想法。这一想法得到了莱布尼茨的大力支持。1682 年，他和奥托·门克共同创办《教师学报》，又称《莱比锡学者纪事》或《学术纪事》，每月发行一期。

《教师学报》是德国的第一本学术期刊，莱布尼茨与这份刊物有着密切的关系，他去世前一直在该期刊上发表文章。莱布尼茨一度曾很难在其他地方发表文章，1677 至 1680 年间，莱布尼茨不断尝试在巴黎或阿姆斯特丹发表自己的一篇数学论文，但未能成功。现在他可以在这个新期刊上自由发表论文，微积分战争中有几篇重要论文就是通过《教师学报》发表的。

虽然十七世纪八十年代莱布尼茨在风车项目上遭遇了挫折，他仍旧是一个高产的学者。他也许在前一个月刚发表一篇重要的数学论文，下一个月会接着发表一篇重要的哲学论文。1684 年 10 月，就在莱布尼茨的风车项目陷入了困境的时候，他在《教师学报》上发表了《求极大极小值的新方法》,这是史上第一篇微积分论文,莱布尼茨在这篇文章中提出微分法则。

在给门克的附信中,莱布尼茨说微积分“会是整个数学界最有用的发明”。莱布尼茨的一位仰慕者这样称赞这篇论文:“1684 年,莱布尼茨将他的研究成果发表在《教师学报》上,这一项具有重大意义的天才发现,必将震惊整个科学世界。”

事实上,《求极大极小值的新方法》是篇十分难懂的文章。它参照了半个世纪前笛卡尔的《几何》的写法,它本身的文体就让人难以理解。雅各布·伯努利曾说这篇论文像是谜语而非数学说明。虽然论文只有 6 页,翻译成英文后,却有一个极长的名字:《关于极大和极小值以及切线的新方法,亦适用于分数和无理数的情况及非异常类型的有关计算》。

但这篇颇为晦涩的论文具有重大的价值。莱布尼茨在这篇文章中展示出了高超的数学技巧,例如他推导出了斯涅尔定律,莱布尼茨在文中自信地宣称:“许多博学的数学家都走了弯路,只要你掌握了微积分方法,就能像使用魔法一样解开他们无法解决的难题”。莱布尼茨很轻易地解答了笛卡尔毕生都无法解决的问题。他继续写道:“这仅仅是解决更高级的几何学问题的开端,几何学是应用数学中最困难和最美妙的部分。如果不采用微积分或类似的方法,没有人能轻易地解决这一领域的问题。”

值得注意的是,莱布尼茨并未在论文中提到微积分的历史演变过程。

如果莱布尼茨要介绍微积分的来历,他可能会提及自己在创立微积分时付出的努力以及十年前与牛顿的交流。但莱布尼茨在论文中没有引用当年的信件,在随后的微积分著作中也没提到牛顿的功劳。这也许是莱布尼茨的失误。假如此时以某种形式承认牛顿起到的作用,后者多年后矛头可能将不会对准他。莱布尼茨只是简单地介绍了微积分方法,压根没提到牛顿。

虽然莱布尼茨并没有在论文中提到牛顿,但他在1684年7月给自己的朋友门克的一封信中谈到了牛顿:"至于牛顿先生,我和他以及已故的奥登伯格先生通过信,他们并未质疑我的求积法,并承认这种方法是我独立完成的。我相信牛顿不会声称这是他的发现,他只是提出了一些能在一定程度上解决圆周问题与无穷级数的有关发明。"莱布尼茨对门克说,这些理论最开始是墨卡托提出的,牛顿在此基础上做了进一步发展,最后由他自己创立了"新的方法"。

在这封信中,莱布尼茨对微积分战争进行了预测,他认为这场战争不可能发生。他坚信自己发明的数学方法与牛顿的方法是不同的,"我承认牛顿先生有自己的求积法,但靠他一个人不可能一下子得出所有结论,每个人都有自己不同的贡献"。

从某种角度而言,莱布尼茨低估牛顿并不是毫无道理的。牛顿在1676年寄给他的第二封信只对某些概念进行了"空洞的阐述"。对莱布尼茨来说,这些概念并不新鲜。尽管牛顿一直没有应他的请求明确地向他解释什么是"流数法",但他似乎意识到了牛顿发展出了某种与自己的微积分类似的方法。可是,微积分战争全面升级后，牛顿做出了与事实相反的陈述，他称自己曾在信中向莱布尼茨清楚地解释过流数法，在此基础上后者才得以发明微积分。

当然，这是许多年以后的事了。1684 年，当莱布尼茨发表微积分论文时，牛顿或多或少已经不再把数学当作自己主要的研究对象了，但不久之后他就因为发表极为重要的数学著作而受到人们的关注。牛顿参加了一系列会议，和许多学者保持着通信往来，然后出版了他最著名的著作《自然哲学的数学原理》，即《原理》，时间是 1687 年 7 月 5 日。

1679 年 11 月 24 日，胡克写信给牛顿，向他伸出了橄榄枝，“我希望你能像从前一样继续帮助学会，让我们分享你最新的哲学理论。同样的，我也会把学会了解的最新学术信息寄给你”。

在这封信中，胡克试图弥合与牛顿的裂痕。“我知道一直有人在我们之间挑拨离间，但我们不应该因为观念上的分歧对对方抱有成见，特别是因为与个人无关的哲学问题，至少我对你不记恨。如果你对我的猜想或观点有异议，请来信说说你的看法，我很乐意听取你的意见，特别是你对天体运行，沿切线运行以及朝中心体的向心运动的看法。”

最后这句话是胡克讨好牛顿的真实目的，他知道牛顿在数学及自然哲学上有很深的造诣。胡克此时对行星运动以及它们间的相互引力产生了兴趣，他猜测牛顿在这一领域有了许多重要的新发现。1680 年 1 月 17 日，胡克再次给牛顿写信，重申了他对“物体受向心力作用后运行轨迹及其属性”的兴趣，说白了就是彗星和地球沿轨道绕太阳旋转时受到太阳的引力。“我毫不怀疑你找到了一种能轻易算出行星运行曲线及其属性的方法,而且还能从物理学上解释这些现象。如果你能告知我们在这一问题上任何一点有用的信息,学会都将表示感激,学会内部曾讨论过这些问题。”

胡克声称皇家学会对牛顿的理论感兴趣,而不愿承认真正想知道这一理论的是他自己。胡克是皇家学会的秘书,因此他有权代表整个机构发言。这些通信表面上十分热忱。例如,牛顿署名为“心怀感激的、卑微的仆人艾萨克·牛顿”,胡克的回复是“诚挚的、卑微的仆人罗伯特·胡克”。但实际上信件中没有透露任何实质性内容,直到几年后爱德蒙·哈雷的出现才改变了这一情况。

1684 年春天,哈雷、胡克和克里斯多弗·雷恩在一家咖啡馆碰面。十七世纪正是咖啡兴起的时期,十七世纪末伦敦约有几千家咖啡馆。它们和现代咖啡馆具有相同的功能,为人们提供会面场所。你常常能看到散发烟草味的怪人们聚集在一起,手肘支着在被咖啡豆油熏黑的厚桌子上高谈阔论。哈雷对一颗彗星很感兴趣——如今正以他的名字命名,他向其他两人提出一个简单的问题:彗星会沿怎样的轨道运动?

胡克给出正确的物理解释,他认为天体之间的吸引力遵循平方反比定律。雷恩不以为然,他问胡克为什么是平方反比定律,并要求证明,胡克争辩说这是不可能的。雷恩用一本价值 40 先令的珍贵书籍打赌,让胡克证明他的猜想,但胡克没有接受挑战,因为他无法从数学上证明这一推论。哈雷感到失望,他原以为胡克可以解决这个问题,否则他怎么能如此肯定呢？雷恩告诉哈雷,一位名叫艾萨克·牛顿的剑桥教授或许能证明这一理论。同年 8 月,当德国印刷厂正准备印刷莱布尼茨的第一部微积分著作时,哈雷来到了剑桥。

哈雷坐着十七世纪简陋的马车,在尘土飞扬、崎岖不平的乡间小路上颠簸 50 英里,滋味肯定不好受。哈雷来到剑桥大学,穿过三一学院大门找到牛顿,问了他相同的问题:天体沿怎样的轨迹运行？牛顿不假思索就做出了回答:椭圆。绕太阳旋转的星球遵循平方反比定律,轨道是椭圆形的。这个简明的答案从此改变了他们的人生。

哈雷说他听到这一答案后感到“震惊和高兴”。牛顿的结论和胡克是一致的,这对哈雷来说就像音乐一样悦耳。可是牛顿能证明自己的结论吗？哈雷问他是怎么得出这一答案的,牛顿回答说这是他计算出来的。哈雷马上要求看计算过程,牛顿这些年来写了太多这样的论文,他一时无法找到当时的手稿。牛顿让焦急等待的哈雷先回伦敦,保证找到论文后马上寄给他。牛顿兑现了自己的承诺,他寄给哈雷两篇包含证明过程的论文,还有他写的一本篇幅不大的著作《论物体的运动》。哈雷立即意识到它们的重要性,鼓励牛顿对天体运动和引力进行更详尽的论述。

牛顿接受了哈雷的建议。1685 年他把《原理》的第一部分寄给皇家学会,这份文件于 4 月 28 日被皇家学会收录在备忘录中。有些人说，哈雷最伟大的贡献是预测到那个以他的名字命名的彗星的回归，有人说，哈雷最伟大的成就是说服牛顿发表了《原理》，这本书堪称历史上最伟大的学术著作之一。

事实上，哈雷不仅劝说牛顿完成了《原理》，还亲自负责该书的出版工作。由于皇家学会没能筹集资金，他甚至垫付了出版费用。1687 年 7 月 5 日，哈雷告诉牛顿，“《原理》终于出版了，希望这个消息让你高兴”。这本书只用几先令就能买到，他给牛顿寄了 27 本，留给剑桥的书商 40 本。

1687 年 7 月，哈雷给詹姆斯二世写了封信，在信中他用自豪的口吻说：“我可以很大胆地说，如果真有值得您一读的书，《原理》无疑是其中的一本。该书提出了许多有关这个世界如何形成的重大发现。不仅如此，该书的作者是您的子民，也是由您已过世的皇兄创立的皇家学会的成员之一。在您的悉心保护下，学会得到了蓬勃的发展。”

当牛顿才开始写《原理》时，莱布尼茨的著作已遍布欧洲并且穿越英吉利海峡传到英国。住在剑桥的苏格兰人约翰·克雷格是牛顿的朋友，他于莱布尼茨发表微积分论文的第二年，1685 年出版了英国第一部微积分著作：《几何图形求积法》。克雷格在书中介绍了莱布尼茨的微分法并沿用他的积分符号。这是微积分第一次引入英国，至少对大部分英国人来说是这样。这时距牛顿发明自己的微积分方法已经二十年之久，但知道牛顿这一成果的人微乎其微。

克雷格本身是一个数学爱好者，为微积分的创立和发展做出过自己的贡献,但今天已经没有多少人记得他的名字了。克雷格出版与微积分有关的著作可能是同时代的学者中最多的,除了《几何图形求积法》之外,他在 1693 年又写了一本微积分著作。之后又陆续在《哲学学报》上发表过介绍微积分的文章。或许是因为他引用了太多牛顿和莱布尼茨的理论,现在的人们在谈论微积分历史时,很难想到他的名字。

但正是因为克雷格一直坦承自己借用了他人的理念,他才没有被卷入微积分战争。1685 年,在出版《几何图形求积法》之前,克雷格特地询问了牛顿,后者告诉了他二项式定理。在 1693 年出版的另一本书中,他对莱布尼茨明确而郑重地表示了谢意:"对于本书中的某些观点,读者不应过多地归功于我而忽视他人的作用,我要明确地指出,莱布尼茨的微分法给了我巨大的帮助,没有这种方法,我不可能轻易地做出这些发现。"

莱布尼茨知道克雷格的这本著作,也清楚欧洲其他一些数学家和自然哲学家在微积分上取得的成果。莱布尼茨深受鼓舞,于 1686 年在《教师学报》上发表他的第二篇微积分论文:《深奥的几何与不可分量和无穷大的分析》,这篇文章讨论的是微分的逆运算——积分。莱布尼茨在论文开篇就夸耀他的第一篇论文"得到了某位杰出学者的认可,并逐渐得到广泛使用"。莱布尼茨在第二篇论文(比第一篇论文更长)中承诺会更细致地阐述微积分。

莱布尼茨写道:"和普通运算中的幂和根一样,求积和微分也是互逆关系。"1684 和 1686 年的两篇论文被人们视作最早的微积分文献。这两篇文章中的积分和微分符号一直被沿用至今。不过1686年的论文并未使用积分和积分学的称呼，莱布尼茨从没想过把“深奥的几何”称为积分。这种说法首次出现在1690年伯努利兄弟写的论文中，1698年约翰·伯努利和莱布尼茨合写的论文中首次使用了“积分学”这种说法。

到1686年，莱布尼茨已形成了自己的思想体系。这一年他发表了著名的《论形而上学》，第一次系统论述他的哲学思想。他开始与安托万·阿尔诺通信，二十年前他就试着给阿尔诺写过信了。莱布尼茨首先给阿尔诺寄去《论形而上学》的提要，由此开始了哲学史上最有名的书信往来，《莱布尼茨—阿尔诺通信集》现在仍在印行。

既然哲学研究能引发长期的，令人感兴趣的讨论，数学研究能产生同样效果吗？回答是否定的。牛顿正忙于写作《原理》，这是一项庞大且耗费精力的工程。公平地讲，写书的这段时间是牛顿创作的另一个黄金时期，他仅用18个月就完成了《原理》。

1686年5月22日，哈雷给牛顿写了封信。“28日由文森特博士将您那篇极为出色的论文呈交给学会。学会认为你能和他们分享如此重大的发现是一种巨大的荣耀，因此他们托我立刻向您转达最衷心的谢意。此外，学会已召开了专门会议，就您这篇论文的出版事宜进行了讨论。”

但哈雷同时也是坏消息的传递者。胡克看到了牛顿的《原理》后大为恼怒。他曾在六年前给牛顿写过一封信，信中提到了一些《原理》中涉及的理论,他不想再次被牛顿抢了风头。哈雷写信给牛顿:“还有一件事我要告诉你,胡克认为平方反比定律的发明有他的功劳。胡克虽然承认根据反比定律推算出的天体运行轨道完全是你的成果,但他声称你在运算中使用了他的符号。”胡克要求牛顿承认他在这一发现中做出的贡献。哈雷礼貌地建议牛顿满足胡克的要求,他在给牛顿的信中写道:“看来胡克先生希望您在《原理》的前言中提到他。”

牛顿对这一提议表示愤慨。牛顿收到了哈雷寄给他的《原理》初校版,1686 年 6 月 20 日,牛顿给哈雷写了回信,在回信中他请求哈雷不要侮辱他的智慧:“我不能违背自己的意愿在书中声明我不理解自己的假说中最浅显的数学条件,并且要胡克教给我。”牛顿又花了几页反驳胡克的攻击。在信的最后他对哈雷说,“你寄来的初校版我很满意”。

牛顿的回信中还夹有一封几页纸的附信,他在附信中写道:“在写这封信时,有人告诉我在你们近期召开的某次会议中,胡克先生又在搬弄是非,声称我偷走了他的研究,并请学会还他公道。他这种说法不仅莫名其妙,而且毫无根据。”牛顿是如此愤怒,他甚至威胁说要完全删去《原理》的第三部分。但最终他还是冷静下来,接受了哈雷的意见并在书中提到胡克,不过只是在提到雷恩和哈雷时一笔带过。

牛顿在《原理》中还提到了他早年与莱布尼茨的通信:“十年前,在与一位卓越的几何学家莱布尼茨的通信中,我向他暗示自己找到了求极大极小值,求切线等问题的方法,这位著名的学者回复说他也得出了类似的方法,并向我透露,我们的方法很相似,只是使用的语言和符号不同。”

在后来的微积分战争中双方都引用或修改了这段话来支持自己的观点,但在1687年却几乎没人注意到这几句话。这一年和十七世纪七十年代之前的十年一样,是不被人重视的一段时间。牛顿本有机会仔细了解莱布尼茨的研究以及他人对微积分的看法,但他与胡克的争论让他无法专注于此事。牛顿和莱布尼茨失去了通过沟通相互承认发明权的机会。他们最先是通过公开出版物得知对方发表了微积分。英吉利海峡两边的两位杰出学者由此暗中展开了竞争,科学史上两位杰出的巨人开始较上劲了。

第七章　美好还是可恶

(1687—1691)

在过去的半个世纪中,人们总在设想,如果两位伟大的哲学家保持良好的关系,人类的科学一定会从中受益。实际上,人们过高地估计这种益处了。

——约翰·弥尔顿·麦基(1845)

塞缪尔·佩皮斯是个幸运的人,他并非那个时代最伟大的学者,但至今人们仍记得他的名字。他的《佩皮斯日记》记载了英国史上最有趣的一段历史。佩皮斯是皇家学会350年历史上任期最短的会长,仅在任一年左右。牛顿正是在佩皮斯担任会长时写成《原理》。佩皮斯负责监督该书的出版发行,1686年7月5日出版的《原理》的许可扉页上印有带有佩皮斯名字的“S. Pepys Reg. Soc”的许可标记,还有印刷厂信息和出版日期MD-CLXXXVII(1687年)。

《原理》一书面市后,许多学者立刻做出了评论。1687 年 9 月 2 日,大卫 · 格雷戈里在给牛顿的信中说:“读过您的书后,我要向您表示最衷心的敬意,您无私地和我们分享人类有史以来最伟大的发现。您大大改进了几何学,让它可以成功地应用于物理。您完全有资格接受现代或后世最杰出的几何学家和自然学家的尊重。”

《原理》的确是一本出色的学术著作。全书共五百余页,它用十七世纪学术性拉丁文写成。书中有许多复杂的图解、天文观测表、几何图形以及大量的命题、难题、推论、定义和注释。《自然哲学的数学原理》,或简称《原理》。《原理》包含了庞大的知识体系,牛顿力学或称经典力学。牛顿力学的特点是用数学描述运动力学,它至今仍是物理学的基础学科,在科学领域具有深远的影响。

任何写过技术论文或做过原创科学研究的学者都能体会《原理》不容置疑的重要地位。在这本书中,牛顿提出了适用于地球和外太空的力学定律;牛顿根据自己创立的质心和重心的新理论证明了开普勒定律;牛顿用引力定律解释了两个巨大物体间相互吸引的现象,他解释了木星及其卫星的相互作用;解释了地球极点扁率和赤道凸出的原因;描述了流体力学的基本现象;探讨了诸如运动阻力、有阻和无阻摆运动以及波动等问题;用月球对地球的引力解释了潮汐现象。

关于太阳系,牛顿描述了行星的运动轨迹,解释了岁差运动。牛顿将彗星视作太阳系一部分。牛顿估算出地球密度、太阳和地球的质量，而且他计算的地球质量基本正确；牛顿否定了笛卡尔和十七世纪的许多学者赞同的星球轨道涡流说，用万有引力定律成功地解释了金星和土星卫星的运行轨道。

最重要的是，牛顿发现了万有引力定律，即物体与物体间通过重力相互吸引。牛顿在《原理》中提出宇宙中每个物体间都相互吸引，在那个年代这是一个相当激进的概念。万有引力定律被称为科学史上最重要的发现。宇宙中的任何天体及其运行都必须遵从牛顿的引力定律，因此他也被称为现代天文学之父。牛顿和那个时代典型的天文学家不太一样，他不是通过望远镜观测大型天体来进行天文学研究的。

万有引力定律的发现算得上是一次科学革命，它彻底颠覆了传统观点和认知。对学习科学的学生们来说，牛顿的发现具有积极的示范意义。万有引力的出现向他们展示了一位才华横溢、雄心勃勃的年轻科学家是如何利用自己的天分和勤奋建立一种真正全新的理论框架的。对哲学家来说，万有引力也蕴含深刻的意义，宇宙中每个粒子间都是相互吸引的，世间万物由此成为相互关联的了。人们对待引力定律的态度经历了有趣的变化，从怀疑和抗拒到慢慢接受，最后认为理所当然。对历史学家而言，这一变化过程本身就为他们提供了丰富的创作素材。

对科学史学家来说，《原理》意味着科学史上一个重大的转折点。十七世纪，人们不仅仅是世界观开始发生变化，还意识到可以改变认识世界的方法，包括实验、观察和数据记录等。通过推理和计算来理解、量化客观世界对牛顿来说并不新鲜，牛顿在

《原理》中充分利用了这一方法,他通过观测和测算得出结论,描述事物本质,并将最终结果用数学公式表达出来。

为避免惹上类似之前光学理论带来的麻烦,牛顿并没有在《原理》中证明引力定律。牛顿后来在信中说,他本人也并不知道引力是如何产生的。《原理》中有一句名言:"我并没有发明这些定律。"基于这种思想,他并不想猜想引力的本质,而是满足于仅仅描述引力的特性。牛顿更愿意相信实践而不是假设,即使某种假设看上去更符合逻辑。

对同代人来说,接受牛顿的理论并非易事,因为他的理论在逻辑上很难理解。这在欧洲大陆某份期刊上的一篇称赞牛顿理论的评论文章中体现得尤其明显,这篇评论文章指出《原理》的优点:"牛顿的著作是人们可以想象到的最完美的数学论文,没人能比他提供更精确的证明了。"尽管如此,它仍然提出了自己的批评意见:"牛顿并不是从物理学角度,而是从纯粹的几何学角度考虑问题。"

还有一些人,特别是莱布尼茨,不太能接受甚至坚决反对牛顿的引力理论。莱布尼茨不能接受牛顿观念中的基本假设——外太空是一片真空,地球和行星受万有引力作用绕太阳旋转。对莱布尼茨来说,仅仅基于观测得出的理论是不够的。他无法相信真空中相隔数百万英里的物体间存在着引力。

不管人们称赞或是批评,牛顿的理论很快就传遍科学界,其速度丝毫不比现代科学理论的传播速度慢。牛顿的《原理》发表后,产生了大量的评论文章,它们的立场各不相同,或总结,或赞美,或批评。莱布尼茨就是通过这些评论才知道这本书。莱布尼茨在1688年6月的《教师学报》上看到一篇长篇评论,该评论称牛顿为“这个时代最卓越的数学家”。这篇长达12页的评论几乎是对《原理》的简要复述。

莱布尼茨在1688年写给门克的一封信中谈到,因为他一直在旅行,所以没有收到最新的刊物。但他从一位朋友那里收到了一封附有《原理》的评论文章的来信,“我无意间知道了著名的艾萨克·牛顿先生《自然哲学的数学原理》,他是当今世界少数在科学前沿有所成就的人”。

尽管对《原理》做出了高度评价,莱布尼茨还是不认可牛顿的万有引力定律。莱布尼茨的观点是,诸如行星运行这样的现象应该从机械学和数学的角度来解释,行星运行所遵循的法则必须有“更好的理由”。他认为“更好的理由”应该是清楚并合乎逻辑的。在莱布尼茨看来,被牛顿推翻的涡流说要更合理。

莱布尼茨做了一些有趣的动力学研究。他假定存在隐藏的运动能量,例如,离地几尺的球的潜在能量等于球自由落体后落在地面的冲击力。莱布尼茨思考过许多和牛顿类似的问题,在《原理》发表后几年,受到启发的莱布尼茨也发表了三篇物理论文。

莱布尼茨在其中一篇论文表达了对涡流理论的支持,这篇文章名为《论天体运动的原因》,登载在《教师学报》上。莱布尼茨在这篇文章中将行星运动描述为一种以太阳为中心,和谐地涡旋运动。因为所有的行星都是在同一平面上围绕太阳旋转,莱布尼茨认为唯一符合逻辑的解释是，行星处于涡流介质中，在流体的推动下围绕太阳旋转。

莱布尼茨的另一篇论文讨论了介质对运动物体的阻力。莱布尼茨发现可用微积分解决《原理》中提到的介质阻力问题。他预感到微积分可能有着极为广泛的应用范围，特别是雅各布·伯努利在1690年写了一篇论文后。雅各布·伯努利的这篇论文之所以重要，是因为它比莱布尼茨的论文更容易理解，而且它是第一篇应用微积分解决数学问题的长篇论文。

有一件事是确定无疑的，莱布尼茨此后更加关注英国学术界的发展动态。1690年，他写信给德国驻伦敦大使，请他寄英国最新的期刊和出版物，他从1678年后就没有看到过新的《哲学学报》了。

与此同时，法国东部边境的一系列戏剧性事件让大半个欧洲陷入了麻烦，莱布尼茨也没能幸免。十七世纪八十年代后期，大部分欧洲陷入混乱之中。正是在这段时间莱布尼茨发表了他的微积分论文，牛顿也正准备发表《原理》。1678年，法国—荷兰战争接近尾声，莱布尼茨曾试图用一个入侵埃及的计划阻止这场战争。现在荷兰摆脱了法国的统治，路易十四则夺取了洛林。路易十四派遣军队驻扎在洛林，以便可以随时再次入侵荷兰或德国。路易十四不是那种安于和平生活的人。莱布尼茨在1683年写过一篇政治讽刺文章《最虔诚的基督徒战神》，他在文中称法国国王是世界上除了魔鬼之外权力最大的人。

对大多数法国人来说，这位战神的政策可不是闹着玩的。

艾萨克·牛顿肖像

牛顿保存的《自然哲学的数学原理》第一版（1686年），上面有他修改的笔迹

牛顿的棱镜分解光线实验，为其后来的光学研究奠定了基础

牛顿亲笔画的他发明的反射式望远镜图纸

戈特弗里德·威廉·莱布尼茨

莱布尼茨的计算器模型

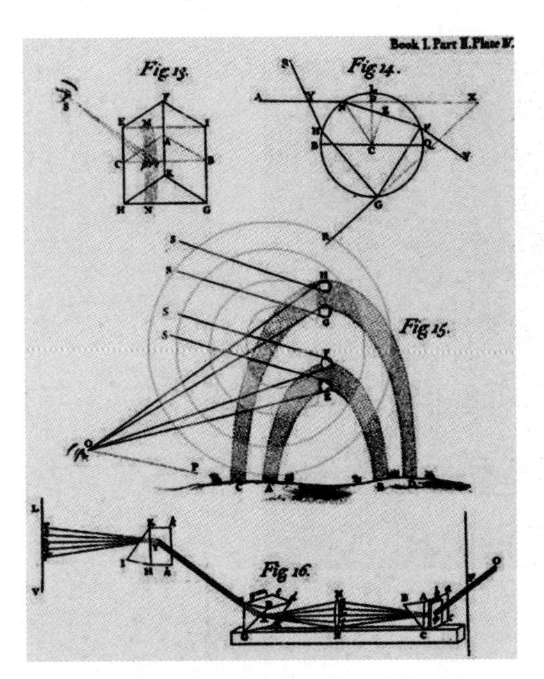

牛顿《光学》中的光学现象图解

may alſo ſee, that, if any of the Colours at the *Lens* be intercepted, the Whiteneſs will be changed into the other colours. And therefore, that the compoſition of whiteneſs be perfect, care muſt be taken, that none of the colours fall beſides the *Lens*.

In the annexed deſign of this Experiment, A B C expreſſeth the Priſm ſet endwiſe to ſight, cloſe by the hole F of the window

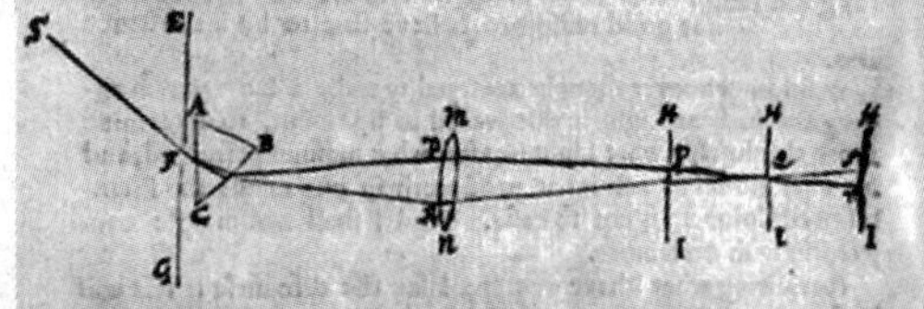

E G. Its vertical Angle A C B may conveniently be about 60 degrees: *M N* deſigneth the *Lens*. Its breadth 2½ or 3 inches. S F one of the ſtreight lines, in which difform Rays may be conceived to flow ſucceſſively from the Sun. F P, and F R two of thoſe Rays unequally refracted, which the *Lens* makes to converge

《皇家哲学学报》的一页内容，展示了牛顿做的一项实验。正是这项实验使他得出白光是由不同颜色的光线混合而成的结论

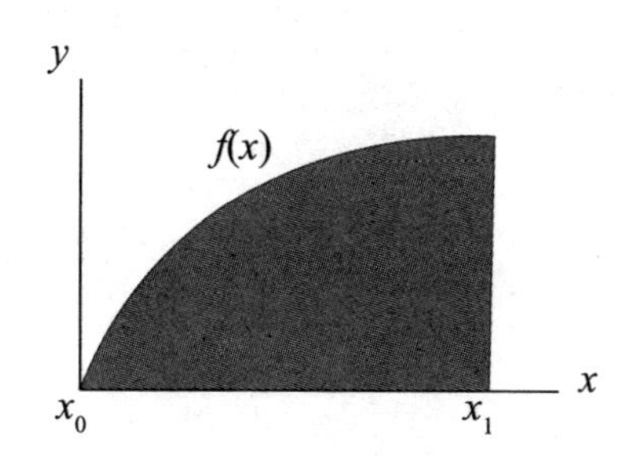

曲线下面（阴影部分）的面积是多少?

解决方法是积分

$$\int_{x_0}^{x_1} f(x)\,\mathrm{d}x$$

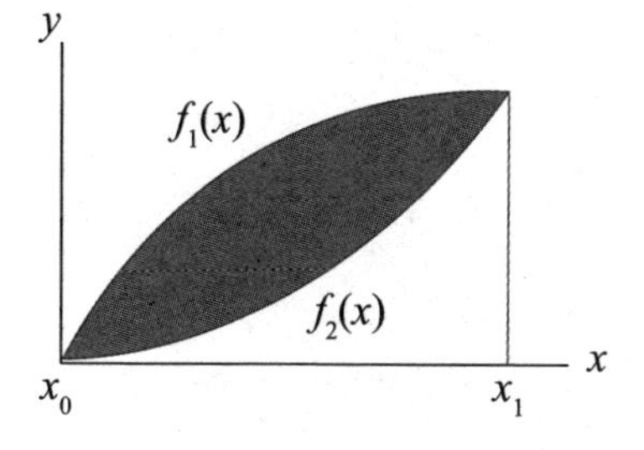

两条曲线之间（阴影部分）的面积是多少?

解决方式是微分

$$\int_{x_0}^{x_1} f_1(x)\ \mathrm{d}x - \int_{x_0}^{x_1} f_2(x)\ \mathrm{d}x$$

微积分解决的难题（例 1）

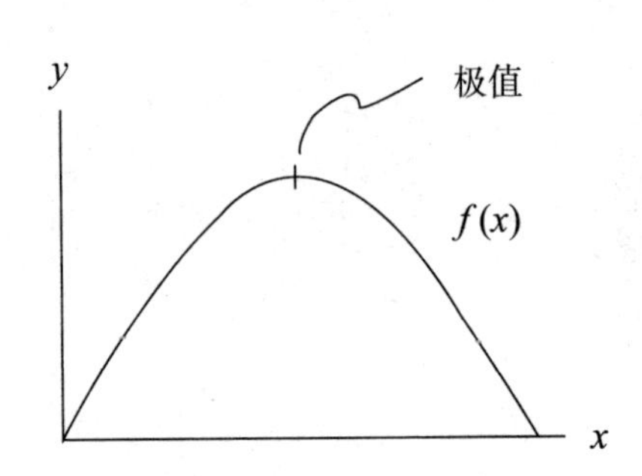

求曲线 $f(x)$ 的极值

对函数 $f(x)$ 求导，并设导函数为 0，解得结果

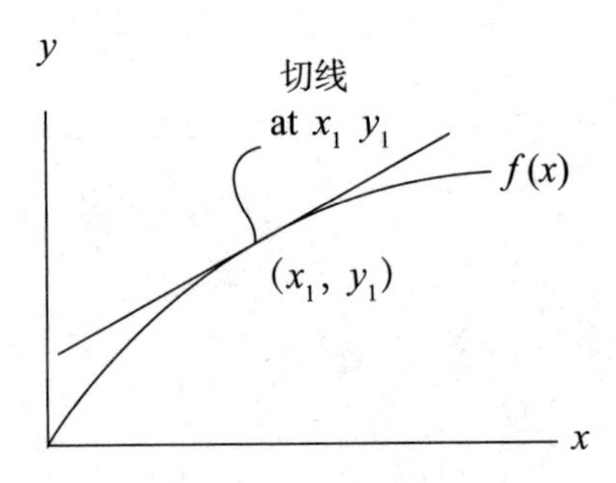

在曲线 $f(x)$ 上任一点画切线

任一点的切线斜率等于曲线 $f(x)$ 上该点处的导数值

微积分解决的难题（例 2）

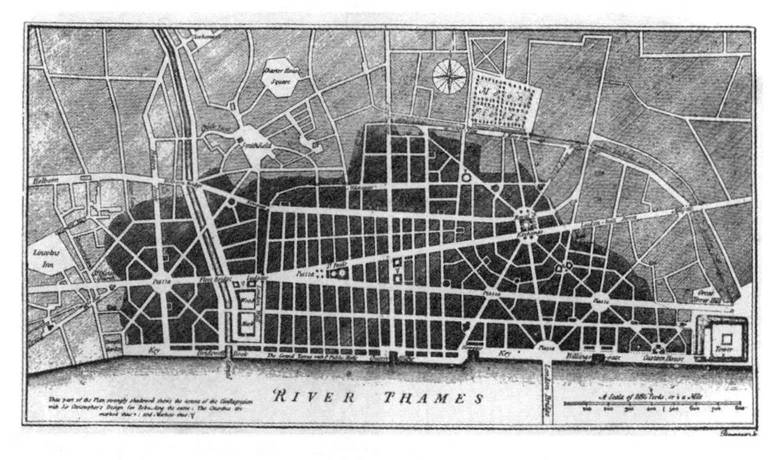

1666 年大火后的伦敦重建规划蓝图

克里斯蒂安·惠更斯

通过显微镜观察到的苍蝇的绘图，图片来自胡克的《显微图谱》

罗伯特·胡克

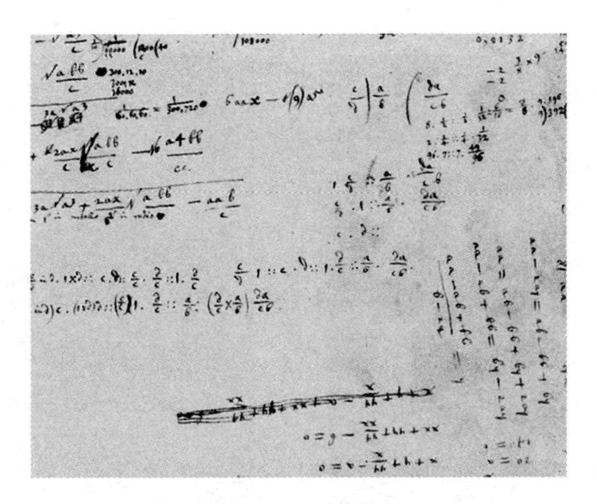

牛顿微积分手稿

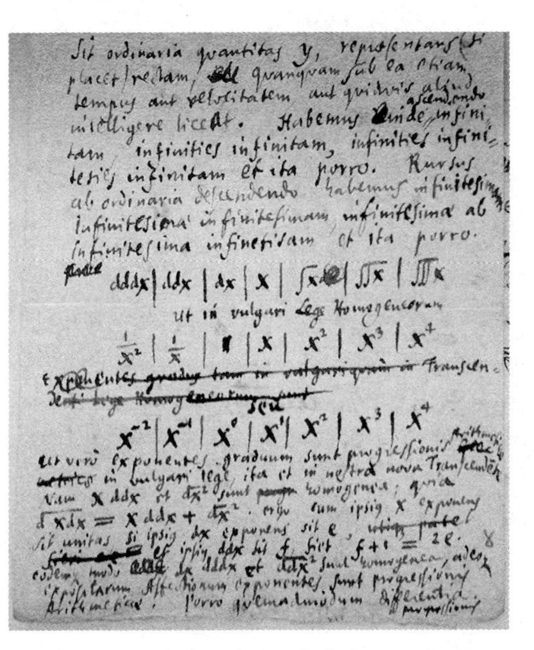

莱布尼茨微积分手稿

尼古拉斯·法蒂奥·德·迪勒

爱德蒙·哈雷

亨利·奥登伯格

约翰·沃利斯

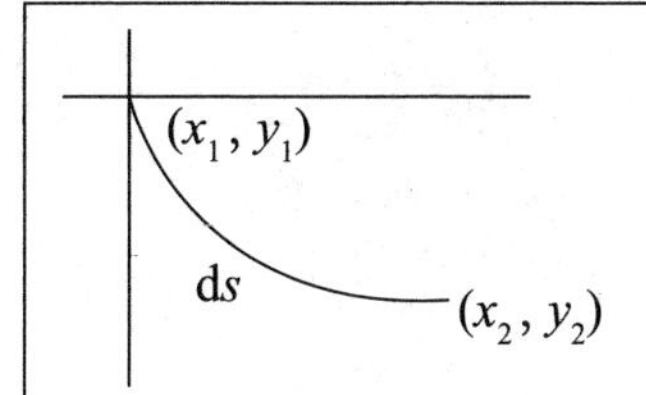

一个质子从静止开始在最短的时间内，以恒定的重力加速从一个点（x_1，y_1）移动到另一个点（x_2，y_2）

用微积分解决这个问题很简单：

$$时间 = \frac{距离}{速度}$$ ，或者

$$时间 = \int_{x_1y_1}^{x_2y_2} \frac{ds}{v}$$

ds 是沿着移动路径的微分距离

由勾股定理可知

$$ds^2 = dx^2 + dy^2$$

or

$$ds = \sqrt{dx^2 + dy^2}$$

由能量守恒定律可知速度为：

$$\frac{1}{2}mv^2 - mgy = 0$$

$$\text{so } v = \sqrt{2gy}$$

由此，时间的积分表达式可写为

$$时间 = \int_{x_1y_1}^{x_2y_2} \frac{\sqrt{dx^2 + dy^2}}{\sqrt{2gy}}$$

另一方面，求解这个积分是一个更大的难题

最速降线问题

乔治·路德维希，莱布尼茨晚年时期汉诺威地区的统治者，后来成为英王乔治一世

牛顿曾经执掌英国造币厂，该厂位于伦敦塔旁的这一排建筑中

2656 Leibnitz — Charta Volans 1713

(1)

29. Julii 1713.

L. . . . us nunc Viennæ Austriæ agens ob distantiam locorum nondum vidit libellum in Anglia nuper editum, quo N . . . . o primam inventionem Calculi differentialis vindicare quidam conantur. Ne tamen commentum mora invalescat, quam primum retundi debere visum est. Equidem negare non poterunt novam hanc Analyticam Artem primum a L . . . . o fuisse editam (cum diu satis pressisset) & publice cum amicis excultam; & post complures demum annos a N . . . . o aliis notis & nominibus, quendam quem vocat Calculum Fluxionum, Differentiali similem, fuisse productum; qui tamen tunc nihil contra L . . . . um movere ausus est. Nec apparet quibus argumentis nunc velint L . . . . um hæc a N . . . . o didicisse, qui nihil tale unquam cuiquam quod constet communicavit, antequam ederet. L . . . . us tamen ex suo candore alios æstimans, libenter fidem habuit Viro talia ex proprio ingenio sibi fluxisse dictitanti; atque ideo scripsit N . . . . um aliquid calculo differentiali simile habuisse videri. Sed cum postremo intelligeret, facilitatem suam contra se verti, & quosdam in

106504

(2)

Anglia præpostero gentis studio eousque progressos, ut non N . . . . um in communionem inventi vocare, sed se excludere non sine vituperii nota vellent, & N . . . . um ipsum (quod vix credibile erat) illaudabili laudis amore contra conscientiæ dictamen tandem figmento favere; re attentius considerata, quam alias præoccupato in N . . . . i favorem animo examinaturus non fuerat, ex hoc ipso processu a candore alieno suspicari coepit, Calculum Fluxionum ad imitationem Calculi Differentialis formatum fuisse. Sed cum ipse per occupationes diversas rem nunc discutere non satis posset, ad judicium primarii Mathematici, & harum rerum peritissimi, & a partium studio alieni recurrendum sibi putavit. Is vero omnibus excussis ita pronuntiavit literis 7 Junii 1713 datis:

Videtur N . . . . us occasionem nactus serierum opus multum promovisse per Extractiones Radicum, quas primus in usum adhibuit, & quidem in iis excolendis ut verisimile est ab initio omne suum studium posuit, nec credo tunc temporis vel somniavit adhuc de Calculo suo fluxionum & fluentium, vel de reductione ejus ad generales operationes Analyticas ad instar Algorithmi vel Regularum Arithmeticarum aut Algebraicarum. Ejusque meæ conjecturæ [primum] *validissimum indicium est, quod de literis* x *vel* y *punctatis, uno, duobus, tribus, &c. punctis superpositis, quas pro* dx, ddx, d³x; dy, ddy, *&c. nunc adhibet, in omnibus istis Epistolis* [Commercii Epistolici Collinsiani, unde argumenta ducere volunt] *nec volam, nec vestigium invenias. Imo ne quidem in principiis Naturæ Mathematicis N . . . . i, ubi calculo suo fluxionum utendi tam frequentem habuisset occasionem, ejus vel verbulo fit mentio, aut notam hujusmodi unicam cernere licet, sed omnia fere per lineas figurarum sine certa Analysi ibi peraguntur more non ipsi tantum, sed & Hugenio, imo jam antea* [in nonnullis] *dudum Torricellio, Robervallio, Cavallerio, aliis, usitato. Prima vice hæ literæ punctatæ comparuerunt in tertio Volumine Operum Wallisii, multis annis postquam Calculus differentialis jam ubique locorum invaluisset.* Alterum indicium, *quo conjicere licet Calculum fluxionum non fuisse natum ante Calculum differentialem, hoc est, quod veram rationem fluxiones fluxionum capiendi, hoc est differentiandi differentialia, N . . . . us nondum cognitam habuerit, quod patet ex ipsis Princi-*

(3)

piis Phil. Math. ubi non tantum incrementum constans ipsius x, *quod nunc notaret per* x *punctatum uno puncto, designat per* o [*more vulgari, qui calculi differentialis commoda destruit*] *sed etiam regulam circa gradus ulteriores falsam dedit* [*quemadmodum ab eminente quodam Mathematico dudum notatum est*] . . . . *Saltem apparet, N . . . . o rectam Methodum differentiandi differentialia non innotuisse longo tempore postquam aliis fuisset familiaris* &c. Hæc ille.

Ex his intelligitur N . . . . um, cum non contentus laude promotæ *synthetice* vel linealiter *per infinite parva*, vel (ut olim minus recte vocabant) *indivisibilia Geometriæ*; etiam inventi *Analytici* seu *calculi differentialis* a L . . . . o in Numeris primum reperti, & (excogitata *Analysi infinitesimalium*) ad Geometriam translati, decus alteri debitum affectavit, adulatoribus rerum anteriorum imperitis nimis obsecutum fuisse, & pro gloria, cujus partem immeritam aliena humanitate obtinuerat, dum totam appetit, notam animi parum æqui sincerique meruisse: de quo etiam Hookium circa Hypothesin planetariam, & Flamstedium circa usum observationum, questos ajunt.

Certe aut miram ejus oblivionem esse oportet, aut magnam contra conscientiæ testimonium iniquitatem, si accusationem (ut ex indulgentia colligas) probat, qua quidam ejus asseclæ etiam seriem, quæ arcus circularis magnitudinem ex tangente exhibet, a Gregorio hausisse L . . . . um volunt. Tale quiddam Gregorium habuisse, ipsi Angli & Scoti, Wallisius, Hookius, Newtonus, & junior Gregorius, prioris credo ex fratre nepos, ultra triginta sex annos ignorarunt, & L . . . . i esse inventum agnoverunt. Modum, quo L . . . . us ad seriei Nicolai Mercatoris (primi talium inventoris) imitationem invenit seriem suam, ipse statim Hugenio B. Lutetiæ agenti communicavit, qui & per Epistolam laudavit. Eundem sibi communicatum laudavit ipse mox N . . . . us, fassusque est in litteris hanc novam esse Methodum pro Seriebus, ab aliis quod sciret nondum usurpatam. Methodum deinde generalem seriei inveniendi, pro curvarum etiam transcendentium ordinatis in Actis Lipsiensibus editam, non per Extractiones dedit, quibus N . . . . us usus est, sed ex ipso fun-

(4)

fundamento profundiore Calculi differentialis L . . . . us deduxit. Per hunc enim calculum etiam res serierum ad majorem perfectionem deducta est. Ut taceam *Calculi exponentialis*, qui transcendentis perfectissimus est gradus, quem L . . . . us primus exercuit, Johannes vero Bernoullius proprio marte etiam assecutus est, nullam N . . . . o aut ejus discipulis notitiam fuisse: & horum aliquos, cum etiam ad Calculum differentialem accedere vellent, lapsus subinde admisisse, quibus eum parum sibi intellectum fuisse prodiderunt, quemadmodum ex junioris Gregorii circa Catenariam paralogismo patet. Cæterum dubium non est, multos in Anglia præclaros viros hanc N . . . . ianorum Asseclarum vanitatem & iniquitatem improbaturos esse; nec vitium paucorum genti imputari debet.

据说，莱布尼茨自己起草和印发了一份《快报》（“飞页”），指控牛顿及其追随者剽窃他的微积分成果

威斯特敏斯特教堂正面，牛顿的墓安置在其中

莱布尼茨故居（左图），二战期间被毁，莱布尼茨在此度过了人生最后的岁月。去世后，他被安葬在纽斯塔德特教堂（右图）

1685 年前,法国颁布了一系列法令,禁止新教徒从事某些特定的职业,鼓励新教徒的子女改信天主教。法国还制定了新的教育政策,旨在将所有新教徒都教育成国王忠实的卫士。此前的二十年,许多新教徒和胡格诺派教徒为免税或者因为路易十四政府的武力压迫而改信天主教。

不久之后,法国新教徒的处境愈发恶化。1685 年 10 月 18 日,路易十四签署一项新法令,几乎彻底剥夺胡格诺派教徒的公民权利,这一严酷的法令沉重地打击了法国的新教势力。法令包括拆除新教教堂,关闭新教学校,强迫新教徒子女接受洗礼,允许他们成为地方法官的卫兵,驱逐所有新教牧师,强迫教徒们改变信仰。法令导致 20 万难民逃到新教国家寻求庇护,成千上万的法国胡格诺派教徒移民到英国。

同一时期,英国的政治局势也陷入了混乱。经过几年在法国的放逐生活,查理二世返回英国并于 1660 年 5 月 8 日继承王位。1660 年 5 月 29 日,在他三十岁生日那天,查理二世穿着华丽的宫廷服饰骑马进入了伦敦,受到了人们的夹道欢迎。他离开伦敦时狼狈不堪,此时却凯旋。查理的回归证明了即使一个人能力不足,仍然能依靠对手犯的错误取得胜利。这次斗争中,犯错的恰恰是克伦威尔的继任者们。

伏尔泰说查理二世有法国情妇、法国做派,最为重要的是有法国资金的支持。查理的绰号是“快乐的国王”,他机智,有魅力,个性活泼,他很快就以颇为讽刺的方式让英国人领教了他的性格。继位后,他颁布的第一条法令就是处决十年前参与审判其父查理一世的10个人。他对克伦威尔实施死后处刑,克伦威尔的尸体被挖了出来,重新施以绞刑,最后分尸,让马拖着经过伦敦所有的街道。克伦威尔的头颅被立在西敏寺前的旗杆上长达十五年之久,直到查理二世过世才取下。

尽管有这样的暴行,但总的来说查理二世是个出色的政治家。他从路易十四那里收取“佣金”。因为路易憎恨辉格党,他们是清教徒,他甚至愿意支付查理酬劳来压制清教徒。查理也没有让路易失望,他在执政期间对辉格党进行了严格的限制。他解散了议会,逮捕许多辉格党人,同时没有导致内战。

但1685年,查理的儿子——天主教徒詹姆斯即位后,君主的权利开始摇摇欲坠了。多年来,英国国内许多清教徒一直试图说服查理剥夺詹姆斯的继承权,因为詹姆斯信奉天主教,但查理并未同意。詹姆斯即位后,认为按自己的意愿统治国家是他与生俱来的权利。正式即位前,他对自己的几个心腹大臣宣称:“为保卫国家,我屡次身陷险境。但为了保护国家正当的权利和自由,和任何人一样,我绝不会退缩。”

但仅仅过了三年,詹姆斯甚至没有机会组织正式的反抗就丢弃了王位,被迫逃离英国。传闻詹姆斯的晚年因患上梅毒而意志衰弱。他是否真的染上传染病另当别论,至少有一件事是肯定的,詹姆斯的统治简直是场灾难。他要求法官赋予他随意废除法令的权力,特别是那些对天主教不利的法令。他从爱尔兰召集大量的天主教士兵,将他们驻扎在伦敦附近。而首都的大多数居民都是非天主教徒,这一行为即使没有引起恐慌,至少也会激起民愤。

牛顿的《原理》就是在这样的历史背景下出版的。《原理》的首页还有向国王詹姆斯二世的致敬词。一年后，他被迫永远离开英国。詹姆斯并非不想抵抗，但军队和政治领袖全都倒戈相向。甚至逃亡的过程也不顺利。詹姆斯还没有逃到法国就被抓住了，抓获他的不是英国军队，也不是荷兰人，而是一个浑身海盐味和鱼臭味的渔夫。还是因为英国议会的默许詹姆斯才得以再次逃脱。詹姆斯失掉王位完全是咎由自取，他的所作所为同时触怒了敌人和同盟者，使自己完全孤立了起来。保守党和辉格党联合起来反对詹姆斯。最终，辉格党人于 1688 年写信邀请荷兰的奥兰治的威廉王子担任新的英国国王。

到 1688 年，路易十四又想发动战争了。这次他的开战理由是奥斯曼帝国有意攻击法国，威胁到欧洲东部防线安全。他极力反对威廉接手英国王位，因为威廉多年来都在积极地反对路易十四。1672 年，荷兰、神圣罗马帝国、西班牙和勃兰登堡结成了针对法国的联盟，威廉于 1686 年重组该联盟。威廉还建立奥格斯堡联盟，成员包括神圣罗马帝国、西班牙、荷兰、瑞典、萨克森、巴伐利亚、萨伏伊，并最终将英国拉入联盟。奥格斯堡联盟是在法国入侵德国，并向神圣罗马帝国宣战后成立的，其目的同样是与法国对抗。

路易十四威胁英国，若威廉即位就向英国宣战。但威廉料到路易十四忙于入侵德国巴拉丁领地，不可能同时发动另一场战争。1688 年 11 月，威廉率领 15000 人沿海路登陆英国，并在几个月后登基,史称威廉三世。威廉一世即几个世纪之前赫赫有名的征服者威廉,他是第一位统治英国的诺曼底人国王。

与这位同名的著名先辈不同,威廉三世并没有经历激烈的征服战争就登上了王位。威廉三世带领自己的军队来到英国,未费一枪一弹就驱逐了原先的国王,詹姆斯二世未战先降,逃往法国。尽管如此,人们还是视他为英勇的征服者,彼得·雷利为他所作的画像至今存于伦敦国家肖像馆。画像中的他穿着一副闪闪发亮的黑色盔甲。这幅画像旁边挂着他的妻子玛丽的画像,她有一头蓬松的棕发,穿着华丽的橙红色礼服。画像中的他们是一对般配和令人羡慕的夫妻。

1689 年 2 月 13 日,国王威廉与王后玛丽同时加冕,这在英国历史上是第一次。加冕礼比较特殊,因为要同时为国王和王后加冕,于是准备了两把加冕椅。第二把椅子明显要稍矮一些,因为玛丽要比她的丈夫高。

威廉和玛丽登上王位是一种奇妙的权力转移。威廉三世是被驱逐的国王詹姆斯的侄子,而玛丽则是詹姆斯的女儿。他们于 1689 到 1702 年共同统治英国。经过 1688 年的光荣革命,王权被严重削弱。他们在即位前不得不同意签署《权利法案》,该法案对君主的权力做了严格的限制,统治权实际掌握在议会手中。尽管 1688 年成立的议会与现在不同,并不代表普通民众,当时的议会主要被地主、商人和贵族等上层人士所控制,但仍然为现代政府的形成奠定了基础。

这样,英国再次成了新教国家。新即位的国王想保护欧洲各国不受法国的侵略。这是一个奇怪的时代,法国的胡格诺派和英国人一起对抗自己的同胞,而英国的詹姆斯二世党人(詹姆斯二世的拥护者)则和法国人一起对抗英国。接下来的几年里英国打了几场胜仗,英国海军于 1692 年击败法国舰队。双方的陆地战争持续了五年左右。对欧洲国家而言,十七世纪九十年代是一段可怕的战争时期。不仅如此,这一时期的欧洲还经历了农作物歉收、饥荒以及由此引起的各种社会问题。在这样的历史环境下,莱布尼茨和牛顿之间爆发了微积分战争。

《原理》一书可说是牛顿事业上的转折点,《原理》的成功让牛顿有信心写作《光学》。由于市场的需求,《原理》出版了第二版和第三版。牛顿和许多学者保持着长期的联系,和他们一起改正、修订、解释并完善该书——牛顿后半生一直没有停止对该书的修改。

随着《原理》发行量的逐渐增多,牛顿的名声也越来越大。牛顿的科学理念既深刻又世俗化。这样一个例子可以生动说明牛顿理论的世俗化。1739 年,一个叫作弗朗西斯科 · 阿尔加罗蒂的意大利人写了一本名为《为女士们解释艾萨克 · 牛顿的哲学》的书,他夸耀自己为欧洲的女士们提供了新的消遣,声称她们会感到满意的:“我将一种全新的思考方式带入意大利,它和调整头饰、烫卷发这种暂时的风潮完全不同。”

除了为牛顿带来巨大的声誉,《原理》还彻底改变了牛顿的生活。该书发行后不久,牛顿当选为国会议员。他因此来到了伦敦,在那儿结识了莱布尼茨从前的导师惠更斯,他于十七世纪八十年代末来到伦敦。这次会面具有重大的意义,不仅仅因为两位学术巨人聚到了一起,牛顿还通过这次会面结识了年轻的数学家和天文学家尼古拉斯·法蒂奥·德迪勒。法蒂奥是瑞士人,在伦敦居住了几年。法蒂奥将在牛顿的生命中扮演重要的角色。

在科学史上,法蒂奥是个让人感兴趣的人物,他是微积分战争的关键参与者。他与莱布尼茨和牛顿都有联系,与后者的关系尤其特别。事实上就是他首先在牛顿和莱布尼茨之间挑起了争端。

1664 年 2 月 16 日,法蒂奥出生于瑞士巴塞尔一个富裕家庭,十七世纪八十年代被送到巴黎接受教育。由于来自富足家庭,他不需要为钱操心,他还可以按自己的喜好选择学科。父亲多次试图说服他选择神学,但法蒂奥选择了数学和天文学,并很快显示出这方面的才能。不过在早年,他真正的天赋似乎是擅于圆滑地处理各种事情。

离开巴黎后,法蒂奥到海牙继续学习。年仅二十一岁的法蒂奥结识了菲尼奥伯爵。菲尼奥伯爵曾是法国军队军官,在枪杀了一名上尉后被迫逃离法国。菲尼奥曾在法蒂奥在巴黎的住所住过一段时间,并把当时还在酝酿中的暗杀计划透露给了法蒂奥。

为了弥补自己的过失,菲尼奥向法国陆军大臣马奎·德·路瓦提议,说自己可以设法抓获当时还是荷兰王子的威廉,并押送到法国献给国王路易十四。路瓦回信批准了这一行动，并承诺一旦成功即可免除菲尼奥之前的罪行，并同意支付所有费用。菲尼奥准备用伏击的方式绑架威廉王子。威廉王子喜欢在齐弗林海滩散步，这块海滩距海牙仅三英里，是进行伏击的绝佳地点。菲尼奥伯爵的计划是，乘一艘便船，带人在浅水区登陆，绑架王子后立刻驶向敦刻尔克。

但这个大胆的计划最终还是失败了。菲尼奥最大的错误就是将这一计划告诉了法蒂奥，后者立刻通过一位在荷兰旅行的英国医生向威廉告发了这一阴谋。荷兰皇室决定奖赏法蒂奥的“忠诚”行为，授予他待遇优厚的海牙大学数学教授职位。这份工作并不繁重，只需要他教导贵族和上流人士。但法蒂奥在上任之前来到了英国，在斯毕塔菲尔德做起了数学老师。他只在十七世纪九十年代回过几次家，大部分时间都是在英国度过的。

1687年抵达伦敦后，法蒂奥立刻着手在伦敦学术圈中建立自己的声望。只用了两周，法蒂奥就成功当选为皇家学会会员，此时牛顿刚刚发表《原理》。《原理》立刻成了法蒂奥所在社交圈谈论的主要话题。

那年夏天，惠更斯正好去了伦敦。法蒂奥利用与威廉的关系，获得了陪同惠更斯游历伦敦的机会。惠更斯和法蒂奥一见如故。和莱布尼茨一样，惠更斯成了法蒂奥的数学导师。正是在陪同惠更斯过程中，法蒂奥被介绍给牛顿，他们两人也很投缘。

初到伦敦时，法蒂奥就给予牛顿的万有引力定律极高的评价。1689年6月12日，在皇家学会的一次会议后，法蒂奥和牛顿成了朋友。当时牛顿是为了会见惠更斯来参加会议，法蒂奥则是陪同惠更斯参加会议，但真正进行了深入沟通的是牛顿和法蒂奥两人。

牛顿和法蒂奥于十七世纪九十年代早期密切的友谊，在历史上引起过人们的猜测。牛顿写给法蒂奥的信热情得有些反常，许多人都认为牛顿对法蒂奥怀有特殊的感情。许多人都想从牛顿与他年轻的门徒间的密切关系中窥探出他真实的情感，从他的信件中读出弦外之音。在给惠更斯的信中，法蒂奥说牛顿的伟大成就让自己"呆若木鸡"。同样的，还有人认为，尽管牛顿喜欢做娃娃家具，并喜欢与女孩（相对于成年女性）为伴，这些反常的举动恰恰说明了他喜欢男孩。

不过，极少有史料证实牛顿对任何性别感兴趣。据伏尔泰所说，牛顿活到了八十多岁，他去世时仍是处男。伏尔泰用贞洁一词描述牛顿。对牛顿来说，性与仆人跟书房外放的布丁和茶没有多大区别。牛顿经常整夜地工作，忙于在笔记本上记下各种奇怪的符号，忘记了放在门口慢慢变冷的布丁。

不管牛顿和法蒂奥究竟是什么关系，两人一直保持着密切的联系并且互相欣赏。法蒂奥的信件表明，他对牛顿十分仰慕。在他们第一次见面的几个月后，法蒂奥给友人让－罗伯特·柯尔特写了一封信，在信中他说牛顿是他认识的最诚实的人，也是有史以来最具才华的数学家。法蒂奥还主动提出帮助牛顿阅读惠更斯的新书（该书是以法语写成的）。毫无疑问，牛顿和法蒂奥的友谊是相互的。这一年的10月10日，牛顿写了两人之间的第一封通信。他询问法蒂奥在伦敦的住所有没有多余的房间，“我打算下个星期到伦敦去，如能住到你那里，我会非常感激的”。

接下来的两年，法蒂奥和牛顿的关系变得越来越密切。法蒂奥在1690年6月离开英国，这一去就是15个月，在这段时间里，牛顿一直惦记着他。例如，1690年10月28日，牛顿给约翰·洛克写了一封信，“我想法蒂奥先生现在还在荷兰吧，半年来我已经没有他的任何消息了”。当法蒂奥于1691年9月返回后，牛顿马上前往伦敦单独与他见面。自此之后，他们的关系更加密切，经常一起参加皇家学会会议，甚至在登记表上把他们的名字签在一起。牛顿的宿敌胡克称法蒂奥为“牛顿的代理人”。

法蒂奥不仅仅把自己当作牛顿的代理人，他亲自提出替牛顿监督《原理》的修订工作以便再版，他将自己视作为牛顿的合作伙伴。法蒂奥给惠更斯写过一封信，信中说到因为自己的补充，《原理》的第二版的篇幅增加了许多。

如果说牛顿与法蒂奥是莫逆之交，莱布尼茨与法蒂奥之间则是另一种奇特的关系，这种关系与牛顿和法蒂奥之间的相互倾慕截然不同。惠更斯试图让莱布尼茨和法蒂奥保持通信，但德国人认为没有这个必要。莱布尼茨此时已经是欧洲一些杰出的年轻数学家的精神导师了，他并不认为法蒂奥有多么出色。

微积分理论此时还在继续发展。1691年，约翰·伯努利来到巴黎并成为洛必达侯爵的老师。两人开始在数学领域进行合作,并很快有了成果。几年之后,1696 年,在伯努利的帮助下,洛必达写了第一本微积分教材:《用于理解曲线的无穷小分析》。在同一时期,莱布尼茨也准备发表自己的微积分著作。

第八章　暗中较劲

(1690—1696)

如果人的认知仅仅是由最近的记忆构成的,人的行为便和动物一样了……

——莱布尼茨《单子论》(1720)

十七世纪最后十年某一天夜晚,在靠近意大利海岸的亚得里亚海中,一艘只有几个船员和乘客的小船正在风浪中载沉载浮。暴风雨,暴风雨要来了!船猛地晃了一下,人们的心也随之一震。不安和恐惧攫住了每个人。尽管船员们忧心忡忡,一位气质威严的德国乘客却依然神色自若,毫不慌张。船员们开始用各种语言咒骂。最后,终于有一个人用意大利语对同伴说罪魁祸首是那个德国人——他是新教徒。

是那个路德教的犹大引起了上帝的愤怒!把他扔下船去!扔下去!

但他们注意到这个陌生人还是神情镇静地坐着,就像是风暴中平静的风眼。他手中还在转动着什么东西。那是什么?一串念珠?!看啊,他在祈祷!他肯定是真正的天主教信徒。让他活下去吧……他和我们一样。

这个故事听上去有些离谱,但大致是真实的。对三百年前新教徒手中的念珠,和现在美国旅客拿一面加拿大国旗一样有效。莱布尼茨之所以没有被迷信的船员谋杀,因为他懂得意大利语。知道自己有危险后,他立刻伪装成天主教徒。

这是莱布尼茨长途旅行中最惊险的事件之一。他在 1687 年秋季从德国出发,途经意大利,直到 1690 年夏天才返回德国。此次旅行是为了收集有关恩斯特·奥古斯特家族(汉诺威王室)的历史材料。几年前,在哈尔茨山采矿工程失败不久后,莱布尼茨就向公爵提议撰写这部历史。

在当时,这样的家族史研究是很普遍的,因为各州的地位取决于其贵族首领的身份。贵族身份是世袭制,对贵族而言,高贵纯正的血统最重要。高贵的出身能巩固——有时甚至能提升——欧洲贵族领主的社会政治地位。十七世纪,许多学者都受雇于有权势的贵族,研究他们的家族历史,其源头通常会追溯到中世纪甚至更早。

由于牵扯到许多利益,家族史并非总是真实的,其中往往会加入一些讨好雇主的虚构内容。例如,无论男女,贵族们通常都会把查理曼大帝作为自己最早的祖先。因此在名义上,在十七世纪的欧洲,查理曼大帝的后代可能比成吉思汗的后代还多。

许多家族史简直到了荒谬的程度,某个威尼斯神学家甚至宣称,他查出哈布斯堡皇室的历史可以一直追溯到挪亚方舟时期。还有一位荷兰贵族奉承恩斯特·奥古斯特,说他的族谱可以一直追溯到凯撒大帝,甚至是罗马神话中的罗慕路斯与雷穆斯。

公爵当然不会愚蠢到相信这样的鬼话,但这些传说却使他对自己家族的真实历史产生了兴趣。曾有史学家说他的家族与欧洲最古老的贵族之一埃斯泰家族有联姻关系。如果这是真的,将会极大满足恩斯特·奥古斯特提高自己家族声望的野心。在那个年代,提高家族声望最好的方法就是为祖先寻找一个高贵的血统。奥古斯特想让汉诺威王室"埃斯泰化"。

莱布尼茨为自己设定了一个非常实际的目标。他准备将布伦瑞克家族的历史向前追溯约一千年,一直到公元 600 年。要做到这一点,莱布尼茨必须到德国和意大利各档案室和修道院中搜集资料,留在汉诺威是绝不可能完成这项工作的。哈尔茨山采矿工程失败后,莱布尼茨向公爵提议由他来查寻相关资料。他不仅要求公爵允许他旅行和写作,还要求宫廷给他旅行补助以及提供一个私人秘书。

恩斯特·奥古斯特非常赞赏莱布尼茨的这一提议,他任命莱布尼茨为宫廷史官,委托他调查和纂写家族史。对莱布尼茨来说,再没有比这更理想的工作了。他终于可以旅行、学习、写作,可以与其他学者见面和通信,而且有充足的资金支持。

1687 年秋天,莱布尼茨终于离开汉诺威,去各地收集资料。接下来的两年半时间里,他去过德国、意大利和南欧的许多城市，博洛尼亚、德累斯顿、法兰克福、佛罗伦萨、马堡、摩德纳、慕尼黑、那不勒斯、帕多瓦、巴马、布拉格、罗马与维也纳。莱布尼茨情愿永远这样旅行下去，他常常几周、几月甚至几年都不回家。他为自己设计了一个折叠式的皮椅，这样不管到哪里他都可以继续工作。这把外表美观的椅子中间留了一道口子，底部装有铰链以便折叠。这个发明充分体现了莱布尼茨的特性，他总是试图改造外部世界以适应他的需求。莱布尼茨不仅对事物本身的特质感兴趣，还想知道各种现象背后的原因。当他的生活与外部世界发生冲突时，他会改造世界来适应自己。

莱布尼茨宁愿走远路也要多去一些地方，他爬上了那不勒斯的维苏威火山，进入罗马的地下墓穴。他遇到各式各样的人，与他们讨论完全与此行目的无关的话题，这是莱布尼茨旅行过程中最大的快乐。在给阿尔诺的信中，他表达了这种快乐的情绪："旅行把我从琐碎的日常事务中解放了出来，使我在精神上感到放松和愉快。旅途中我碰到了许多有天赋的人，和他们交流、相互学习让我受益匪浅。"

莱布尼茨到达罗马时，恰逢教皇英诺森十一世去世。他与从法国来参加教皇选举会议的红衣主教有过一次谈话。新教皇亚历山大八世当选后，莱布尼茨用心地为新教皇写了一首长篇赞美诗。

莱布尼茨和他在旅程中结识的一些朋友在此后多年都保持着通信往来。其中包括正准备去中国的耶稣教牧师克劳迪亚斯·菲利普·闵明我。莱布尼茨对中国非常感兴趣，他认为汉语蕴含着连中国人都已经遗忘的深刻哲学。莱布尼茨一生都对中国以及东西方文化交流抱有浓厚的兴趣，因此他很乐于与闵明我保持通信。

莱布尼茨还结识了著名的意大利医生纳迪诺·拉马齐尼，后者被称为工业医学之父。他们都很尊重对方。莱布尼茨极力主张医疗保健，认为这是政府应尽的道德义务；他提倡疾病预防，还推广某些有效的疗法。他在1681年写过一篇备忘，建议军队在和平时期举办运动会这类活动来保持健康；他还提议成立医疗委员会，强烈要求隔离感染者以阻止传染病蔓延。莱布尼茨鼓励拉马齐尼对十七世纪九十年代的医疗状况进行数据统计，拉马齐尼的调查工作得到了当时在维也纳的莱布尼茨和几位法国友人的支持。

莱布尼茨在维也纳第一次晋见神圣罗马帝国皇帝，向他提出许多新颖而大胆的计划和具体的计划执行书。例如，征收奢侈服装税；在维也纳街道上修建路灯（后被采纳）；建立中央档案室和图书馆；进行大刀阔斧的经济改革，提高制造效率等。

莱布尼茨的布伦瑞克家族史研究取得极大的成功，他实现了自己的承诺，确定了公爵家族的起源。有这样一种说法，几个世纪之前，意大利北部的贵族和巴伐利亚王族进行了联姻，公爵的祖先恰好可以追溯到巴伐利亚的格威尔夫家族。顺着这个思路，莱布尼茨开始寻找古老的埃斯泰家族留下的遗迹。1689年，莱布尼茨在意大利的摩德纳发现了一个刻有埃斯泰家族成员名字的墓碑。他还找到了能证明两个家族联姻关系的法律文件。

莱布尼茨认为，所有这些确凿和间接的证据集中起来，足以证明两个家族之间有过联姻关系。1690 年底，莱布尼茨收集到的成堆的文件可以让弥尔顿再失明一次，他骄傲地向奥古斯特汇报说他已确立了公爵家族与埃斯泰世族的关系。

这一结论有效地提升了布伦瑞克家族的威望，并最终帮助汉诺威公爵当选神圣罗马帝国选帝侯——少数有资格成为神圣罗马帝国皇帝的德国贵族。中世纪的德国由大约 350 个大大小小，相对独立的政治实体组成。1356 年起，神圣罗马帝国皇帝开始从其中最大的几个被称为“选帝侯”的贵族领主中选出，这些王侯视自己为神圣罗马帝国元老院的继承人。

让奥古斯特成为选帝侯并不是一件容易的事，因各种原因其他几个德国诸侯对此表示反对。莱布尼茨写了许多文章支持布伦瑞克家族。在文中他从历史根源、法律先例、外交关系等各个角度证明布伦瑞克家族有资格成为选帝侯。1684 年之后的八年间，莱布尼茨一直在为公爵争取获取选帝侯资格出谋划策。1692 年，恩斯特·奥古斯特终于当选，自此以后，他的子孙一出生就拥有这一权力。1696 年，莱布尼茨升任汉诺威宫廷的枢密顾问，让他担任这一要职是对他帮助公爵成为选帝侯的奖赏。担任顾问后，除了薪水外，他还能拿到额外的津贴。

从收集资料的角度而言，莱布尼茨这趟考察之旅十分成功。如果莱布尼茨只需要确立公爵与埃斯泰家族的联系，他的工作堪称完美。但事情并没有这么简单，莱布尼茨得完成对布伦瑞克家族整个历史的考察和编纂，考证与埃斯泰家族的联姻只是布伦瑞克家族史的一部分。1690 年,莱布尼茨从意大利写信给奥古斯特,说自己已经初步建立了布伦瑞克家族家谱。1691 年 1 月,莱布尼茨已经拟订了这部历史的提纲,并将它交给公爵。他预计自己可以在两年内写完该书。莱布尼茨完全没有料到自己面对的是怎样一项艰巨的任务。

即使能得到助手的协助,这依然是一项浩大的工程,莱布尼茨一直到去世都没能完成这部历史。事实上,家族史的编纂任务像乌云一样给莱布尼茨的晚年生活投下了阴影。这项永远做不完的工作挤占了他大量研究数学、物理和哲学的时间。即使在他生命的弥留之际,在他为与牛顿的微积分战争感到纠结之时,这个任务仍然像一把纸做的镰刀悬在他的脖子上。

1695 年,他曾在给文森特·普拉西奥斯的信中抱怨道:“无法向你描述现在我过的是怎样一种疲于奔命的生活。档案馆中许多古老的文章和手稿等着我去印刷,要在如此多的文献中找到与布伦瑞克家族有关的材料就像是大海捞针。我还要回复大量的信件,研究许多数学和哲学的新课题,对许多著作发表评论,这些事情都是我想要做的。我常常无法决定自己要先做什么,现在我终于理解了奥维德的感慨,拥有太多反而会使人贫穷。”

1696 年,英国突然开始流传莱布尼茨去世的消息。得知此事后,莱布尼茨给托马斯·伯内特写了一封信,向他抱怨自己现在有多忙,“如果死神答应给我充足的时间完成手头的工作,我会保证不再拟定新的计划,首先认真做完已有的工作。即便只是完成目前的工作,我也必须活到一般人不可想象的年纪”。事实上,莱布尼茨几乎没有休息的机会。整整25年,一直到去世之前,莱布尼茨都在写布伦瑞克家族史。这本未完成的著作是他最没有生命力的作品,他告诉数学家亚当·科汉斯基,这项工作就像西西弗斯(Sisyphus)永远搬不完的石头一样压迫着他。莱布尼茨去世时,这本书才写到1005年。全书在他去世一个世纪后才完成,一共三卷。

伯特兰·罗素觉得莱布尼茨为公爵效劳完全是浪费时间,他替莱布尼茨感到惋惜。这位德国数学家把他的黄金年华耗费在了布伦瑞克家族的宗谱调查上,现在看来这项耗时耗力的庞大工程毫无意义。诚然,与埃斯泰世族的联系让公爵当上了选帝侯,但除此之外的宗谱调查对布伦瑞克家族的地位提升没起到任何作用。一个明显的例子是恩斯特·奥古斯特的儿子乔治·路德维希,即莱布尼茨的第三任雇主,他于1714年成为英王乔治一世。这种身份的转换与布伦瑞克家族古老的宗谱一点关系也扯不上。

乔治之所以能当上国王并不是因为布伦瑞克家族古老的血统,而是靠他与英国王室的亲戚关系和可靠的新教徒身份。乔治是英王詹姆斯一世的曾孙,更重要的是,他是一个虔诚的新教徒。乔治·路德维希即位后,名义上是汉诺威宫廷核心成员的莱布尼茨,不仅没有享受相应的好处,反而受到了新宫廷的冷落。由于没有按时完成国王的家族史,莱布尼茨被新皇室排挤,乔治·路德维希更是以修史工作尚未完成为由,禁止莱布尼茨前往英国。

尽管如此,莱布尼茨在修史的过程中至少有一项意外的收获——他在1693年为布伦瑞克家族史写了一篇名为《原态》的前言。这是一篇介绍地球早期状况和公爵家族生活的地区的自然史。莱布尼茨深入探究了史前史,以及在人类没有出现前的地球状态,因此前言写得格外生动,迷人。

在《原态》中,莱布尼茨认为地球原本是一个炽热的熔融球体,外表冷却后才形成了地壳,水蒸气冷凝成了汪洋大海。他解释了火山活动对地质的影响、沉积作用,以及化石的来源。他认为最早的动物是哺乳类,先有海洋动物,后有陆地动物,这成了达尔文进化论的雏形。19世纪一位评论家说《原态》是"为现代地质学最具启发性的猜想奠定了基础"。

莱布尼茨1693年在《教师学报》上发表《原态》的概略,全篇论文在他死后才发表。一些作家认为这篇文章充分体现了莱布尼茨的特点:"他对待工作的认真态度、不受拘束的想象力、对诸多学科精深的造诣、对学术工作的热情、计划的宏大规模、思维的缜密,这些都体现了他过人的天赋和良好的习惯。"

十七世纪最后十年,牛顿也经历了人生的大起大落。《原理》出版后反响良好,第二年牛顿作为剑桥代表当选为议员,并来到伦敦。牛顿尝到了担任公职的甜头,他开始游说朋友为他谋求行政职务。1691年,他请约翰·洛克为自己争取一个造币厂厂长的职位,请另一位朋友为他谋求伦敦国王学院院长的职位。查理·蒙塔古也是牛顿的朋友,他1679年来到剑桥三一学院。蒙塔古与牛顿关系密切,很清楚牛顿的天赋。牛顿也委托他帮自己活动职位,虽然刚开始未成功,但最终蒙塔古还是成功为牛顿谋得了政府职位。

1693年,牛顿的一些数学研究终于正式发表了。并不是以牛顿自己的名义发表的,而是夹在约翰·沃利斯的几卷数学著作中。沃利斯是一位杰出的数学家,富有魅力,个性强硬。作为英国首屈一指的数学家,他不遗余力地宣扬英国在科学成就上的优势。他于1693和1695年分别出版了两部著作,在这两本数学书中,他花了大量篇幅介绍牛顿的成果,并将牛顿的流数法和莱布尼茨的微积分进行了对比,“这里陈述的是牛顿所谓的流数法,它和莱布尼茨所说的微积分在本质上是相同的,任何对比过这两种方法的人都可以看出来,它们仅仅是使用了不同的符号而已……”

沃利斯还提到了牛顿1676年写给莱布尼茨的信,称牛顿在信中向德国数学家解释过他的方法。这是微积分战争的重要时刻!在沃利斯著作中,读者们第一次得知,真想不到,牛顿竟然早于莱布尼茨发明微积分,而且他俩的微积分方法基本是相同的。这次爆料第一次引发了这样一个问题,既然两人都发展出了微积分,两个版本之间必定有优劣之分,享有极高声誉的沃利斯显然认为牛顿的流数法比莱布尼茨的微积分更加简便。沃利斯在书中写道:“因为理解新观念本来就不是件容易的事,初看流数法好像很难懂,但人们很快就会发现这些概念比另一种几乎没有多少差别的理论更容易掌握。”莱布尼茨的声望并没有因为这些话马上受到影响，但是它确是牛顿阵营在微积分战争中发出的第一发炮弹。

欧洲大陆的读者看到书中声称牛顿首先发明微积分时非常震惊。莱布尼茨的论文在欧洲广泛流传，但他从未在这些文章中提到过牛顿。许多欧洲人不知道应该怎样看待这事儿。他们没见过沃利斯大肆吹捧的流数法，在市面上找不到任何相关著作。另一方面，莱布尼茨的微积分已出版十余年，并且刚开始显露成效。伯努利兄弟和其他一些学者已经在原有的基础上发展了莱布尼茨的微积分，开始用它解决一些复杂问题。

读了沃利斯的著作后，约翰·伯努利认为这是对莱布尼茨的蔑视，因此颇有些愤愤不平。他对莱布尼茨表达了这一想法。此时的莱布尼茨决定不和沃利斯一般见识，他在给伯努利的信中说：“毫无疑问那人（指牛顿）是非常杰出的。”但伯努利却认为牛顿的理论是莱布尼茨微积分的复制品，他甚至还直接向莱布尼茨暗示牛顿有可能剽窃了他的微积分：“我不知道牛顿是不是在看了你的微积分后才得出自己的方法。要知道，在他发表自己的文章之前，你曾向他透露过微积分。”

沃利斯在书中暗示莱布尼茨的理论借用了牛顿的研究成果，对此莱布尼茨则有自己的说法。莱布尼茨给托马斯·伯内特写了一封信，他在信中说：“在这里我并不是要针对牛顿先生。沃利斯先生最近的拉丁文著作中的确有些极不负责的言论。毫无疑问，他想把所有的成果都归于自己的国家，这种心情可以理解,但也是可笑的。”在这封信中,莱布尼茨这样回答人们对他的质疑,去问牛顿吧,牛顿知道真相,他会告诉你们的。接下来的二十年里,每次出现关于微积分争论,他都采用同样的回答。显然,莱布尼茨认为牛顿的沉默代表牛顿承认自己独立地发明了微积分。

有趣的是,沃利斯更支持莱布尼茨而非牛顿。沃利斯并没有刻意针对莱布尼茨。沃利斯认为莱布尼茨是一个受人尊敬的数学家,他同意莱布尼茨独立发明了微积分。沃利斯在他生命的最后几年与莱布尼茨之间的通信达到了八十多页。事实上,沃利斯的书中对莱布尼茨大加称赞的几章是由牛顿代笔的,或者至少是沃利斯按照牛顿的意思写的。但二十年后,微积分战争最激烈的时候,牛顿把沃利斯当作自己的证人。牛顿对他和莱布尼茨纷争的回答是:去问沃利斯,他知道真相。

此时的莱布尼茨表现得谦恭有礼,愿意与牛顿分享荣誉。十七世纪九十年代早期,莱布尼茨和惠更斯重新开始通信,他们的通信联系一直持续到 1695 年惠更斯去世。惠更斯读了沃利斯的《代数学》中的一卷,他写信给莱布尼茨:“除了符号不同,这本书中的微分方程和你的方程很像。”1694 年,莱布尼茨从惠更斯处拿到书的相关部分,在看完该书对牛顿研究成果的介绍后,他在给惠更斯的回信中说,“我认为他(牛顿)的微积分和我微积分的确是相同的”,但莱布尼茨说自己的方法“更能启发人的思想”。

虽然没有公开指责牛顿,但有证据显示莱布尼茨并不打算退让。《教师学报》上刊载了一篇对沃利斯著作的匿名评论,大意是牛顿的研究只能衬托莱布尼茨高超的数学技能。这篇论文的作者十有八九是莱布尼茨,他有匿名发表文章的习惯。这样做既可以攻击其他数学家,又可以抬高自己。他曾写过评论自己的文章,并称自己为“杰出的莱布尼茨”。

莱布尼茨此时还未将牛顿视作真正的威胁。莱布尼茨在学术上获得巨大成功,正处于人生的顶峰。1694 年,他终于找到一个娴熟的工匠帮他做好了一个能正常工作的计算器。这个改进的机器可以完成十二位数乘法。1695 年,法国的学术期刊发表了他对自己的哲学思想进行全面阐述的一篇名为《新系统及其说明》的论文。莱布尼茨自学生时代就开始研究逻辑学,三十年来,他几乎没有停止过哲学方面的研究,这篇论文集中了他几乎所有的哲学思想。著作发表后,莱布尼茨成了欧洲学术圈的宠儿。在此之前,他与其他学者的来往信件以及大量的数学和哲学论文已经让许多人知道了他,但这篇文章才真正为他建立起广泛的声誉。法国人皮埃尔·贝尔编纂了一部辞典,辞典中居然收录了对莱布尼茨哲学著作的评论。莱布尼茨此时已凭借自己的哲学思想成为一位著名的公众人物。

在欧洲大陆的数学界,莱布尼茨被视作微积分之父,是该领域最具权威的学者。1694 年洛比达打算写一本关于微积分的书,他首先给莱布尼茨写信,告诉莱布尼茨自己准备解决的难题。

如果莱布尼茨决定在十七世纪最后十年攻击牛顿,他一定会获胜。牛顿此时还不是皇家学会会长,如果莱布尼茨在声名鼎盛时期打击羽翼尚未丰满的牛顿,后者必定一败涂地。但莱布尼茨没有这样做,此时他对牛顿并无恶意,甚至在1693年写信给牛顿表达敬意和称赞其取得的成果。

莱布尼茨与牛顿之间这次简短的书信往来虽然友好,但毫无意义。莱布尼茨首先向牛顿示好,他在信中这样写道:"不论是数学还是其他自然学科,您都给我们带来太多的惊喜。在任何场合下,我都愿意承认您取得的巨大成就。您的无穷级数极大地促进了几何学的发展,您的《原理》轻而易举地解决了那些原来被认为无法解答的难题。"

莱布尼茨还说期待看到牛顿在自然数学原理上新的研究:"在这个领域,很少有人比得上您,您辛勤的劳动定会获得丰厚的回报。"

牛顿在6个月后给莱布尼茨写了回信,在信中大大恭维了莱布尼茨一番,他说自己认为莱布尼茨是当代最杰出的数学家之一。"我十分重视与您的友谊,许多年来我一直认为您是这个世纪最杰出的几何学家之一,我也在许多公开场合这样说过。"在这封信中,牛顿还详细解释了他二十年前寄给当时身在巴黎的莱布尼茨那封信中的回文句子。莱布尼茨收到信后很开心。显然,此时他没有必要挑衅对他表示友好的牛顿,他也不认为牛顿对他有威胁。

但约翰·伯努利,莱布尼茨最忠实的追随者之一,不愿就此罢休。伯努利一直想要证明牛顿的数学才能比不上莱布尼茨。

1696 年,他提出了一个名为“最速降线”的数学难题,宣称这个问题是为“世界上最有天赋的数学家”准备的。

伯努利将这一问题的副本寄给了沃利斯和牛顿。莱布尼茨分别在德国的《教师学报》和法国的《学者杂志》上发表了论文,在文中他提出了解决“最速降线问题”的方法。所有解答者必须在下个复活节结束之前公开发表自己的解决方案。这种竞争方式是几年前由莱布尼茨首先采用的。1687 年,他以同样的方式向凯特兰神父挑战。当时提出的问题是,若没有摩擦力的作用,物体以恒速下落时的轨迹。惠更斯、莱布尼茨和伯努利兄弟都参加了这一问题的解答。

这类复杂的问题成了微积分展示自己强大功能的最有力的证明。雅各布·伯努利在 1690 年曾提出过类似问题。1692 年,莱布尼茨将自己对问题的解答寄给《学术杂志》,他得意地宣称微积分可以轻易解决此类问题。几个月后,他又给《学术杂志》寄了一篇文章。1694 年,他再次重申微积分比笛卡尔的解析法更加有效。莱布尼茨称赞了伯努利兄弟在微积分应用上的研究,也提到洛必达关于微积分的研究。更有趣的是,他还提到牛顿也发展出类似的方法,只是和自己的微积分符号相比,牛顿的符号要逊色一些。

1696 年,伯努利想要测试牛顿的“类似”方法是否有效。他提出“最速降线问题”,又称“最短时间问题”:即确定在不计摩擦力的情况下,一个物体在重力作用下从一个给定点落到不在它垂直下方的另一个给定点所费时间最短的曲线。这是一个可用微积分解决的典型问题，不需要提供物体质量或两点间距离等参数，微积分中有解答这一问题的通用方法。这也是测试牛顿的数学能力的最好问题，只有熟练掌握微积分的人才能解答它。

十年前，学习初级物理时，这个问题曾给我留下不快的回忆。我花了大半个周末的时间都没能解决它。几天后，我提早赶到教室向教授坦白自己无法解答这个问题，他对我说："用不着沮丧，三百年前，全世界只有三到四个数学家能解答它。"

事实上，在伯努利规定的时间内解答出该问题的只有五位学者。他们可能是地球上仅有的能驾驭微积分的人，莱布尼茨、牛顿、洛必达和伯努利兄弟。毫无疑问，解答这样的问题对牛顿来说轻而易举。牛顿于 1697 年 1 月 29 日收到问题，在经历了造币厂一天繁重的工作后，他只用一个晚上就解决了这个问题，随后他匿名将答案寄给伯努利。

莱布尼茨预料到了这样的结果，他颇为得意地说："我猜到只有这些人能回答这个问题，只有他们才对微分有足够深刻的理解。"

伯努利的测试并未能证明牛顿的能力不足，反而凸显出微积分的强大效能。对莱布尼茨来说，微积分像一个由他创办的精英俱乐部。他并不认为在英吉利海峡另一端牛顿成功地发展出自己的微积分方法，成为微积分俱乐部的一员就对自己造成了威胁。莱布尼茨认为自己的微积分有压倒性优势，并且还在不断发展完善。对莱布尼茨而言，牛顿的方法顶多算得上正统微积分的一个注脚而已。

当时的莱布尼茨对牛顿有的只是同情。十七世纪九十年代早期，莱布尼茨在学术界的地位如日中天，牛顿却饱受精神疾病的折磨。当时欧洲盛传这位天才的英国数学家患上了一种糟糕的疾病。

1693 年，有报道称牛顿的精神几乎彻底崩溃，人们对牛顿的病因做出了种种猜测，但至今尚无定论。如果使用现代的医学术语，牛顿的症状包括失眠、缺乏食欲、健忘、抑郁、妄想。牛顿曾写信给同事，详细地讲述了自己的症状。在其中一封信中，他提到自己整整两周了只睡了九小时，吃的东西也很少。他最明显的症状是极度缺乏睡眠。虽然牛顿习惯长期超负荷工作，但即使是对工作狂的他来说，睡眠也太少了。

人们对牛顿的病因进行了各种推测。有些人认为牛顿的失眠可能由更深层的问题造成，病因可能是慢性汞中毒。牛顿的许多症状确实与汞中毒吻合，如失眠、消化不良、失忆和妄想。由于要做炼金术实验，牛顿经常接触过量的化学品。十七世纪八十年代末九十年代初，牛顿对铁、锡、锑、铋及铅的合金做了许多实验。牛顿的笔记显示他不断将不同比例的各种金属熔合成合金。例如，他发现由两份铅、三份锡、四份铋构成的合金能在盛夏的阳光下熔化。

不过汞中毒的解释有其缺陷。如果汞中毒的程度已严重到造成失眠，按理应该会伴随其他明显症状，如肠胃问题、牙龈炎、神经功能障碍和慢性疲劳，牛顿却没有这些症状。

许多精神病学家反对汞中毒的说法,他们认为牛顿并没有中毒,这些症状说明他有心理问题。他们认为牛顿患有躁狂抑郁症(现称躁郁症)。一个有力的证据是,牛顿一生中有过多次严重失眠,这是明显的躁郁症的表现,躁郁症患者一般会间歇性失眠。

童年时期的牛顿有些不爱整洁,孤僻、害羞,而且不参加任何娱乐活动,这些都是躁郁症的症状。他几乎整个大学生涯都不与他人来往,躁郁症可以解释他一生中的许多问题,例如与胡克和莱布尼茨的争吵。

这种解释似乎有道理,但无法得到证实。关于牛顿的病因,人们还提出了其他许多理论。另一种说法是,牛顿在 1692 年遭受了事业上的打击,这导致他精神崩溃。据说悲剧是由于牛顿忘记吹灭蜡烛而引起的。风把蜡烛吹翻了,记载着牛顿的光学实验、物理学理论,几十年来不断改进完善的课题等许多珍贵资料的笔记被翻倒的蜡烛点着烧掉了,而这份笔记只有一份。牛顿回家后发现多年辛苦工作的成果烧成灰。牛顿究竟遭受了多大打击人们不得而知,但据说这件事让他几乎接近了崩溃的边缘。在可以备份的计算机磁盘出现前,损失记载了半生研究成果的笔记,对任何一个科学家来说都是毁灭性打击。

这个故事的另一个版本是牛顿的名为“钻石”的小狗把蜡烛撞翻,烧掉了文件。这个版本中,牛顿像一个女孩子一样软弱,站在门边哀叹:“哎!钻石啊钻石,瞧你都做了些什么!”

尽管这一场景想起来很有趣,但没有人能证明牛顿养过一只叫作“钻石”的狗。这个故事的真实性和牛顿因为苹果落地而想到万有引力的可能性差不多。甚至有证据显示着火这事都可能是虚构的。1678 年牛顿的住所确实着过火,当时牛顿忘了吹灭蜡烛就离开了房间,翻倒的蜡烛的确烧掉了他的一部分文件。但人们把这次火灾和十七世纪九十年代的谣言混在一起了。人们无疑夸张了事实,甚至有人说被烧掉的不仅仅是他大量的著作,整栋房子都被烧掉了。

还有另一种看法。有人宣称,无论有没有火灾,牛顿与法蒂奥的关系才是他各种异常症状的真正原因。他们认为牛顿与法蒂奥之间越来越强烈的感情造成了牛顿的神经衰弱。法蒂奥在 1692 年感染肺炎成为两人关系的转折点。11 月 17 日,法蒂奥从牛顿在剑桥住所回到伦敦,他给牛顿写了一封信,他在信中写道:“我的头疼得厉害,可能还会继续恶化。”他提到自己胸闷严重,吃药和治疗后仍没有起色。“我想我没机会再见您了,等我体温稍稍下降后,我再告诉您更多情况。”

牛顿回信说他获知消息后简直说不出话来,他不仅要求给予法蒂奥金钱上的资助,还邀请法蒂奥到剑桥治疗,牛顿可以更方便地照顾他。牛顿寄了一份快信给法蒂奥,他在信中说“我相信这里的空气能帮助你恢复健康”,信的署名是“您最亲爱的,忠诚的朋友,艾萨克·牛顿”。不过法蒂奥收到这封信时已基本康复了。

尽管如此,法蒂奥在回信中说他决定接受牛顿的邀请,到剑桥疗养。法蒂奥还特别在信中询问他能否住在牛顿隔壁的房间,“我想知道您打算怎样安排我在剑桥的生活”。

不幸的是,牛顿回信说他隔壁的房子腾不出来。不过牛顿再次提出要给法蒂奥一些生活费,尽力想让法蒂奥住的离他近点,减轻他的负担。法蒂奥回信说:“如果可能的话,我希望终生,或至少是一生中最好的时光是与您一起度过的。”

可是,1693 年 5 月和 6 月两人见过两次面后,法蒂奥决定回瑞士。这是他们最后的两次会面,此后法蒂奥几乎完全从牛顿的生命中消失。我们永远不会知道两人之间到底发生了怎样的纠葛,只知道他们的亲密关系自 1693 年后就突然中止了,牛顿也在此时患上严重躁郁症。

无论牛顿患病的原因是什么,他有许多怪异的举动。例如,他给塞缪尔·佩皮斯和约翰·洛克写的信让人揪心,他说自己几个月都没有好好睡过,吃的也很少。他一口咬定蒙塔古是个伪君子,并要与他绝交。他给洛克写了一封长信,为很久以前对他的怠慢而道歉。

牛顿反常行为还有最后一种解释,牛顿没有中毒,没有患上躁郁症,更不是因为失去朋友而受到打击。真正的原因很简单,牛顿生性如此。让他失眠的或许不是所谓潜在的精神障碍,而是他充沛的精力。他取得的许多成就都得益于这种旺盛的精力。同样的,牛顿的偏执和易怒经常被当作一种病症,但这其实就是牛顿的本性,牛顿很少能与他人保持良好的关系。牛顿不仅仅在十七世纪九十年代表现得好斗和易怒,他一直到死都是火爆脾气。例如,他无端指责天文学家约翰·弗拉姆斯蒂德 ,认为自己的月球运动理论之所以还不完善，弗拉姆斯蒂德要负主要责任。牛顿对《原理》一书中的月球运动理论不太满意。从十七世纪八十年代开始，他一直在对这一理论进行改进。1694 年，牛顿开始使用弗拉姆斯蒂德的观测数据来确定月球的运行轨道。这项研究他断断续续进行了几年。

牛顿的月球运行研究将理论和实验完美地结合了起来，本来能成为理论科学家和实验科学家之间合作的典范。当然，牛顿也是一个优秀的实验科学家，但他在这次研究中更多承担理论方面的工作，牛顿的任务是用它精巧的几何学技巧分析弗拉姆斯蒂德提供的数据。但这次合作最终以失败告终，主要原因是牛顿的态度过于傲慢，破坏了两人的关系。

无论牛顿有没有精神衰弱，对莱布尼茨来说都没有什么区别。他听说牛顿患上了某种疾病，对这位同仁表示同情。几年之后的 1695 年，莱布尼茨再次向来访汉诺威的苏格兰皇家物理学家伯内特表达了他对牛顿的关切之情。伯内特回到英国后与莱布尼茨继续保持联系，莱布尼茨通过与伯内特的通信了解伦敦的最新情况。

事实上，莱布尼茨也从伯内特那里获取牛顿的最新消息。自从 1693 年与牛顿一次简短的通信来往后，莱布尼茨又在 1696 年让伯内特给牛顿捎过一张便条。伯内特回复说牛顿很感激莱布尼茨的来信，但因为造币厂繁忙的监督工作而无暇回信。

造币厂厂长的职位是牛顿梦寐以求的。1696 年 3 月 19 日，他的朋友蒙塔古终于给他带来了好消息："很高兴能向您证明我的友谊,国王对您取得的成就十分赞赏,他答应我,将任命您为造币厂主管。这是最适合您的职位,每年薪资约五六百英镑,而且工作轻松,不会占用您太多时间。”

在宣誓不泄露任何新钱币的制造技术并签署保证书后,牛顿于5月2日正式上任。牛顿要负责管理约7500英镑的年预算,相当于今天的70万英镑,约150万美元。另外,这一职位让牛顿把家搬到了伦敦。伦敦比剑桥繁华得多,剑桥只是个小镇,而伦敦是个有50万人口的大都会。

莱布尼茨并不觉得这是份好差事,他对牛顿不能再继续严肃的科学和数学工作表示遗憾。在某种程度上莱布尼茨是对的。牛顿虽没有完全放弃数学研究,但他早已过了在数学上最富有创造力的黄金时段。的确,牛顿去世后,留下许多数学笔记、未发表的论文和其他著作,大都是在1696年后写成,但这些文件大部分是对《原理》的修订,并非新的研究成果。在这段时间,他的研究主要是关于月球运动理论、大气折射理论、确定阻力最小的回转体,这些研究大部分都要倚赖牛顿的数学能力。不过与牛顿为造币厂的相关事务所写的大量文献相比,他的科学研究简直几乎可以忽略。虽然蒙塔古保证这是份轻松的工作,但牛顿却不敢懈怠,全身心地投入到新的工作中。

莱布尼茨对牛顿新职业的担忧与造币工作本身没有多大关系。莱布尼茨对造币过程并不陌生,至少在理论上不陌生。许多年前,他就向奥古斯特提交过一份备忘录,由于汉诺威大量产银,他建议采用一种新的造币法:根据钱币的含银量衡量其价值,而不是根据重量。这样一来,汉诺威出产的较轻的钱币就能等值于其他地区较重的钱币,汉诺威优质银矿的价值便可以得到充分的体现。

莱布尼茨表现出的担忧或许潜意识地反映了他自己所处的困境。因为他不得不继续自己不喜欢的家族史编纂工作,被迫放弃更为有价值的科学与哲学研究。莱布尼茨想逃离沉闷的历史编纂和险恶的宫廷斗争,他可能是将自己的愿望投射在了牛顿身上。如果可以选择,莱布尼茨宁愿每天讨论和记述重要的学术问题。

汉诺威王室的某些行为甚至是今天爱看肥皂剧的家庭主妇都无法想象的。我们可以用具体事例来说明汉诺威宫廷贵族过着怎样荒唐的生活。十七世纪九十年代,王室发生了一件最著名的绯闻,这次绯闻牵涉到恩斯特·奥古斯特的儿子乔治·路德维希,他的妻子和妻子的情人。乔治·路德维希与妻子索菲亚·多萝西娅是堂兄妹关系,索菲亚是他叔叔乔治·威廉的唯一的女儿。乔治·路德维希冷酷且不苟言笑,索菲亚·多萝西娅则善良、美丽、有魅力,深受人们喜爱。

尽管三十年战争使德国遭受了严重损失,汉诺威宫廷在十七世纪下半叶却依然过着奢华的生活。据说恩斯特·奥古斯特有600匹马、20个车夫、数十个铁匠、马夫、马医以及其他仆从。宫廷里豢养了许多宠臣、传话仆人、侍从、医师、剑术教练、舞蹈老师、理发师、乐师、厨师及内侍等。为满足私欲,恩斯特·奥古斯特还将汉诺威变成了奢华的玩乐场所。他修建了一座新宫殿,一座意大利风格的歌剧院,还举行过历时数月的狂欢节。

1682年11月21日,当时还是少女的天真无邪的索菲亚·多萝西娅嫁给了乔治·路德维希。索菲亚·多萝西娅完全想象不到等待着她的将会是怎样一段不幸的婚姻。普拉特伯爵夫人是多萝西娅公公恩斯特·奥古斯特的情人,她很不喜欢多萝西娅。十七和十八世纪,欧洲上流社会的贵族大多都有情人,没有情人甚至会被认为没有男子气概。但汉诺威的宫廷生活混乱到乱伦的程度。伯爵夫人怂恿妹妹做年轻的乔治的情人,当乔治厌倦后,她又鼓励女儿成为乔治的情人,伯爵夫人的女儿就是恩斯特·奥古斯特的女儿,即乔治同父异母的妹妹。一个出生于富裕的瑞典家庭的年轻英俊的贵族菲利普·冯·柯尼希斯马克伯爵也加入到这种混乱的关系中。柯尼希斯马克是乔治的弟弟查理的朋友。在一个假面舞会他遇到了索菲亚·多萝西娅。或许是机缘巧合,柯尼希斯马克几年前就见过多萝西娅,当时还是少年的他就喜欢上了多萝西娅。1688年,柯尼希斯马克对多萝西娅的爱更加炙热了。一年之后,柯尼希斯马克回到了汉诺威,他在公爵的军队中谋得了上校的职位,不仅如此,他还赢得了多萝西娅的芳心,这时他对宫廷生活的秘密已经多少有些了解了。

不幸的是,柯尼希斯马克并不只有一个情妇,他还和比他年纪大得多的普拉特伯爵夫人上过床。他对普拉特伯爵夫人吹嘘自己和多萝西娅的关系。柯尼希斯马克不知道自己这么做是在玩火。他的雇主恩斯特·奥古斯特绝不是一个温和宽容的人。毫无疑问,柯尼希斯马克同时和奥古斯特的情妇和儿媳上床实在是冒极大的风险。公爵的小儿子查理曾牵涉到一起夺取长子乔治继承权的阴谋中。1691 年,公爵以最残忍的方式处死了这次阴谋的同谋者冯·毛奇。毛奇被处以车裂之刑,这种刑罚先让一辆载重的马车反复碾压犯人的胳膊和腿,再将犯人面朝下绑在一个置于木杆顶端放平的车轮上,在酷热的阳光直接照射下,犯人在极端痛苦中慢慢死去。

柯尼希斯马克越来越嫉妒多萝西娅的丈夫乔治·路德维希。公爵和公爵夫人被选为神圣罗马帝国选帝侯,汉诺威宫廷举办了为期三个月的庆祝活动,盛大的宫廷活动占据了多萝西娅大量的时间,柯尼希斯马克为此大为恼怒。为这种愤怒的情绪所左右,他拒绝了高贵的普拉特伯爵夫人。在他心目中,伯爵夫人不过是年轻漂亮的多萝西娅的可怜代替品。他开始把自己所有的麻烦,包括一些经济纠纷,都归咎于伯爵夫人。他宣称要教训伯爵夫人的儿子。伯爵夫人的儿子还是个男孩,对他而言,与柯尼希斯马克决斗等于送死,柯尼希斯马克是公认的剑术家。作为一个遭到拒绝的情人和受到威胁的母亲,伯爵夫人让人监视柯尼希斯马克的一举一动。当索菲亚·多萝西娅和柯尼希斯马克准备一起私逃时,伯爵夫人将这一切告诉了恩斯特·奥古斯特公爵。公爵勃然大怒,派人在疯狂的柯尼希斯马克和她美丽的儿媳会面之前阻截了他。柯尼希斯马克在混战中被士兵击倒。伯爵夫人躲在一旁观看了整个伏击过程,在柯尼希斯马克临死时她走到他的身边。据说柯尼希斯马克在咽气之前狠狠诅咒了她,并朝她吐唾沫。为了不让柯尼希斯马克出声,伯爵夫人将鞋跟插进他嘴里用力搅动。这一可怕的事件是十七世纪九十年代汉诺威王室混乱的宫廷生活的真实写照。

官方记录仅仅声称柯尼希斯马克在那天晚上走失了,并且再也没有回来。但伤害已经造成了。柯尼希斯马克和多萝西娅的通信被人发现了,丑闻传遍了整个欧洲。为了尽可能降低丑闻对王室造成的损害,索菲亚·多萝西娅接受了审判。1694年12月28日,多萝西娅和乔治·路德维希正式离婚。乔治·路德维希又是自由身,可以再婚了。而多萝西娅则被关进了附近的一个要塞中,她的孩子们也被夺走了。多萝西娅一个人独居了三十二年,她被丈夫遗弃,情人被杀,并且永远失去了孩子。

自此以后,乔治·路德维希越来越不喜欢他的孩子,尤其是他的儿子,他长得非常像索菲亚·多萝西娅。乔治在自己的孙子出生时显得漠不关心。几年后乔治成了英国国王,他对自己的子孙严苛得过分。乔治让人强行将他五岁、七岁、九岁的三个孙子从他们父母那里带走。他甚至派人将他刚刚出生的孙子从母亲的怀里夺走,这个新生儿几周之后就夭折了。死亡的原因有可能是手下人在执行他命令时行为过于粗暴。

尽管十七世纪末的汉诺威宫廷上演了这样的闹剧,莱布尼茨的生活却是枯燥乏味的,他在宫廷中几乎找不到一个志趣相投、才智相当的伙伴。1695年,他对托马斯·伯内特抱怨道,除了恩斯特·奥古斯特的妻子,年老的索菲亚皇后,他几乎没有其他可以交谈的人了。他不得不靠与伯内特这样的学者朋友通信来打发时间。从莱布尼茨的角度来看,他可能不希望任何人,尤其是牛顿这样天才横溢但又脆弱的数学家陷入这样乏味而无聊的宫廷斗争。1696年,也就是牛顿为造币厂工作的同一年,发生了一件奇怪的事,莱布尼茨差一点结婚了。当时他旅行途经法兰克福,他的一些朋友建议他追求一个还算年轻富有的未婚女子,显然他也有过主动的表示。但他的求婚可能更像是进行法律谈判,而不是浪漫的求爱。这桩婚事最后还是不了了之。这位女士说她需要花时间考虑他的提议,莱布尼茨失去了兴趣。他当时已经五十岁,一直还是单身汉。

第九章　挑 起 事 端

(1696—1708)

为了公众的利益以及社会的福祉,兹任命我们所信赖和敬爱的艾萨克·牛顿爵士为铸币局局长。他将负责管辖伦敦塔与英格兰境内其他任何地方一切金币和银币的铸造事宜。

——英格兰国王任命牛顿为铸币局长的委任状

牛顿在伦敦塔有自己单独的居所,和处决"千日王后"安妮的地方仅相隔数十步。安妮王后是英格兰国王亨利八世的妻子,新婚千日,就被国王以与人私通的罪名处死。但牛顿只在那儿住了很短一段时间。如今伦敦塔已经成为人们喜爱的充满了厚重历史感的古迹。

牛顿并没有在伦敦塔住很长时间。伦敦塔里铸币的声音是如此让人难以忍受,因此他很快就在其他地方找了一间房子安顿下来。但远离噪音居住并不意味着牛顿工作松懈。牛顿掌管的铸币厂是能在危机时期发挥重要作用的政府机构。根据法令,铸币厂负责重铸整个王国的银币。因为银币在流通的过程中边缘很容易磨光或被人剪掉,所以银币必须定期重铸。

一些狡猾的家伙通过给银币剪边来积攒银屑。当积攒下足够的银屑后,他们会将银屑融成银锭。而当时铸币的复杂条款中有一项规定,人们可以用银锭换取银币。这就为那些"剪边者"打开了方便之门。

如果说给银币剪边是一个长期存在,难以解决的问题,那么铸造假币就是一个需要立刻解决的问题了。十七世纪的大部分时间里,英国的银币都是由工匠手工制作的。制作银币时,工人要反复地捶打银锭,因此制币是一项耗费体力的艰苦工作。在牛顿掌管铸币厂之前,这种制造工艺就已经淘汰了。在牛顿的时代,铸币更多采用了大规模的工业化生产方式,金属银在巨大的铁炉中被炭火烧化,然后由特别设计的机器压制成固定规格的银币。但只要没被回收,旧银币仍然是有效的,能在市面上流通。造假者能够自己制作染料,并使用其他贱金属合金制造假银币。

重铸银币能在一定程度上解决造假的问题,因为一项新的发明能确保每枚机器冲压出的新币都拥有独特的边缘。人们很难在不被察觉的情况下给这种新币剪边,新币的出现使得制造假币更加困难。铸币厂拥有大约三百名工人、五十匹马,以及九座铸币的铁炉。工人们清晨四点开动机器,一直工作到深夜,他们每周能生产出十万镑的新银币。牛顿负责的是英国历史上规模最大的货币重铸计划,但这一计划并不顺利,有许多问题需要解决。

其中一个问题是,铸币厂的运营成本大大超过它的收入。铸币厂的主要资金来源是进口酒税,但这一税收并不足以支持大规模的铸币计划。为了弥补资金缺口,政府开始在伦敦城内征收一项新的"窗户"税。或许正是因为有了这项税收,这个城市直到二十世纪还保留着许多老旧的没有窗户的"瞎眼"建筑。

道高一尺、魔高一丈。新币并不能杜绝一切伪造假币的行为,许多造假者实在太聪明,总能找到对付新币的办法。新铸的银币中含有92.5%的纯银和7.5%的铜。假币制造者只用购买一些新币,将新币融化后和铜或低等级的银混合起来,就能做出足以乱真的假币。然后再用这些假币交换真币。这种作假十分简单,在牛顿担任监察官时尤为猖獗。牛顿估计铸币厂回收的银币中有五分之一都是假造的。

监察官是铸币局最重要的三个职位之一,也是牛顿在铸币局担任的首份工作。作为监察官,牛顿必须详细了解制作假币和给银币剪边的一切细节。监察官还是国王在铸币局的代表,理论上是整个铸币局级别最高的官员。监察官负责管理铸币局的财务,监督其他官员。但真正握有权力的是铸币局承办人,这一职务类似于主承包商。承办人的合同十分简单,他能从每一镑铸造的银币中抽取一定比例的佣金。无论承办人是否将铸币的工作分包给其他人，佣金的比例都是相同的。当牛顿被任命为铸币承办人时，监察官的作用就降低了，承办人接管了铸币局绝大部分权力，不再是监察官的副手了。

监察官大体上只需要监督铸币过程以及负责法律方面的事务。牛顿的第一个任务是查出造假者和“剪边者”，并对他们提起公诉。这份工作对牛顿并没有多大吸引力，但他完成得很出色。虽然制度规定起诉造假者和“剪边者”是监察官分内的工作，但牛顿之前的监察官一直都是将这件枯燥的工作交给手下的职员办理。牛顿上任后亲力亲为，但不久他就感到厌烦了，要求财政部解除他监察官的职务。“这是律师的业务，它更适合于国王的检察长和副检察长，”他在信中写道，“恳请免除我的这份职务。”

但这并不意味着牛顿在工作中有所懈怠。他将自己一贯的热情和干劲投入到起诉犯人的工作中。他亲自审查造假者和他们的律师写的证词，他编写了类似案例记录簿的东西来指导自己的工作。为了在起诉时起到更好的效果，他甚至买了新衣服。他花了大笔钱让自己成为几个郡的治安法官，以便在尽可能大的范围内起诉造假者。

臭名昭著的威廉·查洛纳或许是最让牛顿头痛的假币制造者了。牛顿为了起诉他，花费了大量精力。查洛纳是一个技巧高超的惯犯和懂得虚张声势的诈骗犯。在牛顿就任监察官的几年前，查洛纳就已经通过陷害他人从政府那里骗取到大量的赏金。当时的英国政府有这样一条规定：散布或印制任何含有反对国王言论的印刷品都是违法的,任何举报这种非法行为的人都将获得奖励。查洛纳会去找一份攻击国王的小册子,花钱雇人替他印刷,他再去向政府告发印刷者,从而骗取奖金。

1696 年初,牛顿刚到铸币局时,查洛纳的违法行为越来越大胆了。一年前,查洛纳写了一本小册子,鼓吹减少新币的重量,使之降低到与旧币和被剪过的银币同等的水平。查洛纳之所以卖力地宣传这种做法,或许因为他本人是英国最出色的造假者之一,一旦银币的重量减轻,他就能用同等的银制造更多的假币,从而获得更多利润。查洛纳积极接触议会与政府成员,严厉批评铸币局的无能和腐败。查洛纳声称自己发明了一种可以防伪的银币,并愿意提供给政府。查洛纳试图说服政府,他能对铸币局的制币机进行现代化改装,但要由他个人监管整个改装过程。

受理提议的议会要求牛顿允许查洛纳接触铸币机,牛顿拒绝了。铸币机是最高的国家机密,牛顿本人曾发誓不会利用职务之便向任何人泄露这些机器的运转方式和工作原理。牛顿绝不是一个容易被人愚弄的人,他已经看穿了查洛纳的诡计。牛顿下令逮捕查洛纳并将他关进了监狱。1699 年,牛顿成功地对这个臭名昭著的伪币制造者提起公诉,查洛纳最终为自己犯下的罪行被处以死刑。

牛顿在查洛纳一案和其他事情上显示出的才能深受当局的赏识。当承办人托马斯 · 尼尔于 1699 年逝世后,牛顿立刻被任命为铸币局新的承办人。牛顿是在圣诞节的第二天接受任命的。他的委任状是以英国国王威廉三世的名义签署的，上面写着“授权艾萨克·牛顿爵士管理铸币局的所有大楼、建筑、花园以及费用、津贴、收益、权利、专营权和豁免权”。

牛顿接受这一任命后，他和莱布尼茨在政府领域中产生联系已经是不可避免的了。英国国王威廉三世于1702年去世，而他的妻子——与他共同摄政的玛丽王后，不幸在十年前就因为染上致命的天花去世了。威廉和玛丽没有留下王位继承人，这在那些年里几乎成了一场危机，当时英国议会正忙着为确保英国的新教传统寻找各种解决办法。

威廉三世去世之后，安妮公主即位成为英国女王。虽然安妮是被废黜的国王詹姆斯二世的女儿，但她是一位虔诚的新教徒。安妮女王长得肥硕，画家迈克尔·达尔1705年为她画过一幅肖像，这幅画像今天还挂在伦敦国家肖像馆的墙壁上。画像中的安妮给人留下了深刻印象，她身着华丽的金色外套，披一条蓝色的毛绒披肩，服饰上缀满了大颗的钻石，一只手放在王冠的宝石上。当时安妮身体肥胖，健康不佳，患上了严重痛风症，已经很难站立或行走了。为了在威斯敏斯特大教堂接受加冕，她不得不由卫士背进教堂的中殿。

当好英国的统治者不是一件容易的工作。安妮见证了英法之间的战争，这场战争始于1702年，当时英国与丹麦、普鲁士、汉诺威、巴拉丁以及荷兰组成大联盟共同反对法国。安妮在位时几乎见证了完整的西班牙王位继承战争，这场战争直到签订《乌德勒支合约》，也就是安妮女王去世的头一年才结束。安妮最大的不幸是她没有一个子女能长大成人,尽管她花了半生的精力来抚养子女。安妮女王先后十八次怀孕,育有七个子女,但他们中间没有一个能活到她登上王位。

然而,早在1701年,英国议会就通过了所谓的“解决法案”,明确将索菲亚王后(她是莱布尼茨的好友)指定为英国的王位继承人。这意味着安妮死后,索菲亚的儿子乔治·路德维希将成为英国国王。对乔治而言,他将从一个奇特的位置继承英国王位。按正确的顺序,应由安妮女王的弟弟詹姆斯(未来的詹姆斯三世)继承王位。然而,由于议会通过了“解决法案”,王位将传给安妮的远房表亲,这位表亲继承王位的唯一依据是,他的曾外祖父是国王詹姆斯一世。詹姆斯的女儿伊丽莎白·斯图亚特嫁给了德国选帝侯弗雷德里克,索菲亚是他们唯一的孩子。索菲亚后来嫁给了汉诺威公爵恩斯特·奥古斯特。索菲亚和奥古斯特共育有六个子女,其中一个便是乔治·路德维希。恩斯特·奥古斯特死于1698年,乔治继承了他的公爵称号。如果严格依照继承法规,乔治继承王位的理由并不充分。乔治之所以能成为英国国王,主要是因为英国人害怕出现另一个天主教国王。

在乔治·路德维希成为汉诺威选帝侯之后,他改变了原来宽容的宫廷环境。奥尔良公爵夫人目睹了这一变化,在信中描述了她所见到的:“毫不奇怪,汉诺威宫廷里再也没有往日的快乐了,这位选帝侯是如此冷酷,能把一切东西都变成冰。”

安妮女王与汉诺威公爵此前曾有过不愉快的经历。作为可能的丈夫人选,乔治·路德维希曾到英国与安妮见过面,但这次会面并没有产生任何结果。当时有传言说,健康、精力充沛的年轻公爵对矮胖的安妮根本不感兴趣。在乔治·路德维希成为公爵之后,他和莱布尼茨之间也产生了矛盾。只是由于莱布尼茨是一个活着的传奇、杰出的思想家、最重要的学者,乔治或许才愿意给予莱布尼茨更多的宽容。此外,莱布尼茨的确为乔治提供了有价值的建议和忠诚的服务。然而,乔治从未真正信任过莱布尼茨,当他表达对后者的敬意时,似乎总带有一丝嘲讽的意味。例如,乔治曾有一次称莱布尼茨为他的“活字典”,他还指责莱布尼茨经常不在宫廷,不能及时完成汉诺威王室历史的编纂。

面对国王的责难,莱布尼茨显得十分平静。的确,在1698年路德维希成为公爵时,莱布尼茨已经是一个传奇人物了。他为汉诺威王室服务的记录(即使不算为前两位公爵——乔治·路德维希的父亲和他的叔父提供的服务)无可指摘,就个人而言,他取得的成就是巨大的。尽管莱布尼茨花了将近十年仍未完成汉诺威王室的家族史,但他一直尽职为宫廷服务,这一事实无可争辩。

这场微积分战争的历史画卷中突然出现了一个叫法蒂奥·德迪勒的瑞士人。法蒂奥对牛顿表示支持,并于1699年写了一篇名为《最短下降直线的二重几何调查》的文章。在这篇文章中,法蒂奥不仅坚持认为牛顿是第一个发明微积分的人,并且提出了一项惊人的指控:莱布尼茨窃取了牛顿的研究成果。“鼎鼎大名的莱布尼茨或许会问,我怎么会了解微积分这门高深学问的情况，”法蒂奥写道，“我认为，有充分的证据显示，牛顿是第一个发明微积分的人，而且在许多年里，他也最有资格被看作微积分的创立者。至于莱布尼茨（微积分的第二发明人）是否借鉴了牛顿的研究成果，可以让那些看过牛顿信件以及手稿的人自己判断。”

牛顿和莱布尼茨并未就微积分的优先权发生争执，为什么法蒂奥却突然跳出来挑事？值得一提的是，法蒂奥和牛顿已经疏远了好几年了。一种可能是，法蒂奥希望以这种方式修复他和牛顿的友谊。但另一个同样令人信服的解释是，法蒂奥是出于对莱布尼茨的怨恨才这么做的。

事实上，法蒂奥与莱布尼茨有过来往，他很不喜欢这个德国人。法蒂奥与当时著名的数学家惠更斯通信求教（莱布尼茨十年前也这么做过）。惠更斯希望法蒂奥能与莱布尼茨进行更多的交流，他认为两人合作或许会取得更大的成果。尽管法蒂奥比莱布尼茨年轻，他把莱布尼茨视作自己的同辈，因为他们都是惠更斯的“门徒”。法蒂奥几次写信给莱布尼茨，要求分享后者的数学工具和技术。但莱布尼茨认为他并不能从这种交流中获益，拒绝了法蒂奥的请求。莱布尼茨仍对自己的导师惠更斯抱有最大的敬意，但这种尊敬显然并不足以让他给予惠更斯的新门生特别的关照。

或许是因为之前受到冷落，致使法蒂奥在1699年对牛顿表示坚定的支持，并指控莱布尼茨剽窃了牛顿的成果。或许是因为莱布尼茨比法蒂奥抢先一步解决了伯努利问题，法蒂奥觉得自己受到了后者的轻视。莱布尼茨曾得意地在文章中宣称只有采取自己和牛顿创建的数学方法的人才能解决这一问题，这让法蒂奥深受刺激。法蒂奥将莱布尼茨的这种夸耀视作对自己直接的侮辱，作为报复，他开始猛烈地抨击莱布尼茨，指控后者剽窃了牛顿的学术成果。

法蒂奥写道："我详细看过牛顿和莱布尼茨与微积分有关的信件和文章，尽管他们都声称自己才是微积分的唯一创建者，但无论是前者谦卑的沉默还是后者热切的公开主张都无法欺骗那些认真审读过这些文件的人。"毫无疑问，法蒂奥因为自己特殊的立场，才会如此卖力地攻击莱布尼茨，为牛顿辩护。法蒂奥恰好是当时的欧洲少数几个精通微积分并能看懂相关文件的学者之一。不仅如此，法蒂奥与牛顿私交甚好，因此他比其他任何人都有更多的机会进入牛顿的内室，查阅收藏于此的丰富文献。

此时法蒂奥对莱布尼茨的批评还只是他的一种个人行为，并没有多少人和他站在一起。毕竟，在当时的欧洲，莱布尼茨被誉为最杰出的数学家，这也是莱布尼茨自己的看法。莱布尼茨当时在英国同样也享有巨大的声誉，他是英国皇家学会的长期会员。在遭受法蒂奥的指控后，这位当时最著名的数学家异常愤怒。但莱布尼茨并没有丧失冷静，显示出惊人的克制力。他在《教师学报》上反击了法蒂奥的指控。1700 年 5 月，莱布尼茨发表了针对法蒂奥指控的回复文章，积极地为自己进行辩护，并声称法蒂奥是因为急于得到认可才选择了这种错误的做法。莱布尼茨对法蒂奥进行了类似于精神分析的攻击，莱布尼茨写道：

“不信任是一种敌视的情绪。”他接着以一个杰出律师热情而雄辩的口吻说了下面一段话:“人们常常将自己真实的目的隐藏在追求公正的狂热之下,老实说,这让我感到厌恶。我对人的心灵的缺陷了解得越多,就越不会因为他们做出的任何丑恶演出而生气。”

莱布尼茨在文章中为自己辩护,他暗示甚至连牛顿也不支持法蒂奥的指控。莱布尼茨认为,虽然他与牛顿的关系或多或少有些疏离,但至少在表面上他们都给予了对方最大的尊重和赞赏。牛顿在这一问题上的沉默在莱布尼茨听来却觉得声音格外清晰。莱布尼茨谈及牛顿时写道:“据我所知,至少在几次与我朋友的交谈中,这位杰出的人表现出对我的友好,没有在这件事上向他们提出任何抱怨。在公开场合,他谈论我时使用的措辞也是无可指摘的。我也一样,在任何合适的场合都会承认他所取得的非凡成就。”

莱布尼茨多次表示牛顿在数学领域取得的成就应得到公平对待,上述言论就是一个具体的例子。此时,莱布尼茨与他的英国对手还没有发生过争执。不仅如此,莱布尼茨总是以平等的口气谈论牛顿,给予后者高度的评价。莱布尼茨坚持认为,他和牛顿的发现具有同样的重要性,他并没有通过自己与牛顿的通信来“窃取”后者的思想。莱布尼茨声称,他并不知道牛顿的数学研究有多先进,直到他读了《原理》一书。直到十七世纪九十年代他才意识到牛顿发展出了一种“与他自己的算法极其相似的演算方法”。莱布尼茨认为牛顿在《原理》一书中确认了他们俩各自独立发展出相似的数学方法这一事实，他在一篇文章中这样写道："牛顿在他的《原理》一书中，明确、公开地证实了我们做出了相同的数学发现，但我们都没从对方那里借鉴任何东西，这项工作是我们各自独立完成的。"

莱布尼茨明确表示在这个问题上他是无辜的。"当 1684 年我发表《微分元素》时，我对牛顿在这一领域的研究还毫不知情，除了他在一封来信中提到他能够画切线……"但莱布尼茨提到并引起人们关注的切线（一种被微积分大大简化的运算方式）并不是牛顿的专利。莱布尼茨还在自己的其他文章中指出，没有人比牛顿更清楚地知道这一发现的确是他们各自独立完成的，"我们都没有从对方那里得到任何启示"。

莱布尼茨不只在杂志上发表反驳法蒂奥的文章，他还对自己的文章进行了匿名的评论。当然，这种匿名的评论是有利于他自己的。此外，1700 年 1 月 31 日，他向英国皇家学会写了一封信，对法蒂奥提出正式控诉，要求学会出面澄清事实。由于得不到牛顿的支持，法蒂奥很轻易地就被莱布尼茨击败了。当时有名的数学家几乎都是支持莱布尼茨的。

例如，约翰·瓦利斯就认为莱布尼茨受到指控是极为不公正的，他对莱布尼茨深表同情。瓦利斯向莱布尼茨保证皇家学会并不支持法蒂奥的指控，莱布尼茨的声誉仍是稳固的。牛顿此时的态度呢？……在这件事情上，牛顿仍然保持着沉默。

这场争端可能就此结束了，如果此时一定要给这场战争找一个胜利者的话，这个人似乎是莱布尼茨。莱布尼茨宣称牛顿与他各自独立地创立了微积分,证明了法蒂奥在撒谎,他的工作和生活似乎又回到了正常的轨道。对莱布尼茨而言,这是一个已经用简单的方式解决了的简单问题。在莱布尼茨看来,微积分的创立更多应归功于他而不是牛顿。他们各自独立地发明了微积分,莱布尼茨第一个出版了自己的著作,这不都是明显的事实吗?

不仅如此,最为重要的是,正是莱布尼茨发明了使微积分得以进一步发展的符号。另一个强有力的证明是,在莱布尼茨的允许下,人们已将他的微积分成功地应用到许多领域中,并在使用的过程不断地对其进行改进。而牛顿直到临近暮年的时候才发表自己的微积分论文,而且他似乎也不太热心推广自己的流数和变数。必须提及的是,牛顿的微积分符号远远比不上莱布尼茨的符号。

为了进一步巩固自己在数学界的地位,莱布尼茨于 1701 年发表了一篇名为《数的新科学》的论文。这篇论文是他为纪念自己当选法国科学院会员而写的,文章介绍了他于 1679 年发明的一种被称作二进制数学的新的数字运算方法。二进制是一种用 1 和 0 这两个数字组成的序列来表示所有值的系统。莱布尼茨认为,二进制数字能揭示普通数字在通常情况下无法显示的特性。莱布尼茨创立的二进制数字是电子线路的基础。

莱布尼茨一连串有力的反驳沉重打击了法蒂奥,此后他的人生陷入了低谷。1704 年,法蒂奥成为一个狂热组织的书记,该组织起源于法国,信奉末日学说,相信人能对任何事做出预言并立刻得到应验,例如《圣经》的启示和那些起死回生的事例。该组织因为他们的奇特信仰而为大众所排斥。1707 年 12 月 2 日,法蒂奥戴上了枷锁,在查令十字街(英国书店一条街——译者注)被公开示众。人们为他戴上了一顶高帽,帽子上写着:“尼古拉·法蒂奥犯有以下罪行:用邪恶和虚假的预言教唆埃利亚斯·莫纳,并印刷和出版这些谎言来恐吓女王的臣民。”

即使在遭受法蒂奥的指责之后,莱布尼茨似乎也从未对法蒂奥采取过任何报复行为。事件发生以后,莱布尼茨好几次在给朋友托马斯·伯尼特的信中以友善的口吻谈到法蒂奥。1708 年,当莱布尼茨得知法蒂奥被示众,他在信中对法蒂奥所受的惩罚,以及“一个如此杰出的数学家”居然会和狂热组织扯上关系表示震惊。

但莱布尼茨不知道的是,他与法蒂奥的争论是另一种“末日”的预示。法蒂奥对他的攻击只是一种孤立的个人行为,影响十分有限。但它预示了其后将要发生的事情。

一个名叫乔治·切恩的苏格兰著名医学家,微积分战争中不那么重要的人物引发了关于微积分的第二次争论。人们之所以能记住切恩,并不是因为他在微积分战争中起到的作用,而是他基于牛顿的物理学所创建的关于高烧的奇特理论。

切恩是一个土生土长的苏格兰人,是牛顿不断壮大的拥趸队伍中的一员。在牛顿本人不知情的情况下,切恩写了一本名为《关于流数的逆解法》的书来赞颂自己心中的偶像。这本书主要的意图是向人们解释并推广牛顿的微积分。

然而,从学术角度而言,这是一部平庸和无足轻重的作品。书中实际很少提到具体的微积分算法,按常理,该书和该书的作者或许很快会被人遗忘。事实上,这本有些奇怪的著作引起了很多人(包括牛顿在内)的注意。

当切恩的著作出版时,牛顿已经成了英国人越来越尊崇的一位重要人物。众所周知,罗伯特·胡克与牛顿的关系不好,两人经常暴发激烈的争吵。甚至在生命的最后时刻,胡克仍在公开批评和威胁牛顿。有这样一个例子,1699 年 8 月 16 日,牛顿在英国皇家学会展示他刚发明的六分仪。和往常一样,胡克对此不屑一顾,并声称自己在三十年前就发明了六分仪。胡克于 1703 年 3 月去世,这使牛顿少了一个主要的敌人。

此后不久,1703 年 11 月 30 日,牛顿当选为英国皇家学会会长。然而这并不是那几年让牛顿唯一高兴的事情。1705 年 4 月 16 日他终于被安妮女王授予爵士头衔。

牛顿成了皇家学会会长,并被授予了爵位,他终于不用再保持缄默了。1704 年,牛顿出版了《光学》,声称微积分是他首先发现的。牛顿为自己所做的辩护很大程度上借鉴了切恩的著作。但切恩关于牛顿微积分的论述有许多不当之处,因此牛顿决定将这一部分亲自重写。牛顿在《光学》的附录中添加了一篇名为《关于正交曲线》的文章。

牛顿的这种做法直接导致了他与莱布尼茨的对抗。《光学》出版之后,莱布尼茨立刻发表了一篇针对该书附录的匿名评论。莱布尼茨在匿名评论中写道:尽管莱布尼茨已经提出了"差"的概念,牛顿却坚持使用流数……

在十七世纪,以匿名的形式发表作品是十分常见的做法。莱布尼茨早就发现,发表匿名文章在某些时候能更方便地表达自己的观点。在随后的几年中,由于牛顿和莱布尼茨在写给对方的信件中使用的仍然是客气的措辞,这种匿名文章就使整件事情更加复杂了。两人都通过各自的支持者为自己辩护,对对方进行攻击。由于欧洲几个十分杰出的数学家是莱布尼茨的支持者,莱布尼茨具有理论上的优势。但奇怪的是,牛顿占了上风——或许正是因为牛顿的支持者中并没有出色的学者。下面的例子或许可以说明这种优势,一个名叫约翰·基尔的年轻的牛津大学教授是牛顿最主要的支持者之一,他指控莱布尼茨偷窃了牛顿的研究,并以此当作个人的终生事业。

基尔是一个苏格兰人,1694 年跟随他的老师大卫·格雷戈里来到牛津。虽然基尔在科学史上无足轻重,但他却是微积分战争中的关键人物。和法蒂奥一样,基尔试图为牛顿争夺微积分首创者的荣耀。他想让牛顿独享所有的功劳和名声。为了做到这一点,基尔必须证明莱布尼茨的微积分理论是从牛顿那里偷来的。在得到牛顿大量的帮助之后,基尔最终成功地对莱布尼茨的声誉造成了严重的威胁。

基尔是继法蒂奥之后牛顿的第二个“替身”。基尔在 1708 年予以莱布尼茨猛烈回击,指控后者剽窃了牛顿的研究。1708 年,基尔在英国皇家学会的期刊上发表了一篇攻击莱布尼茨的文章,这篇文章直到 1710 年才正式出版。基尔的文章是一篇拼凑起来的关于物理学的小论文,但却颇为牵强地包含着一项主要的指控。这篇名为《向心力规律》的文章更多是因为其中有关微积分争论的内容,而不是向心力论述而受到人们瞩目。基尔在文中写道,莱布尼茨的微积分是与牛顿的流数“一模一样的数学方法”。他还认为牛顿是流数系统毫无争议的第一创立人。“此后莱布尼茨发表了(与牛顿的流数)一样的微积分,只是改变了它的名称和符号系统而已。”

基尔对莱布尼茨的攻击显然是精心设计的,他虽然没有明说莱布尼茨抄袭牛顿,但其中含义已经再明白不过了。没有人能否认莱布尼茨首先发表了自己的论文,所以基尔调整了进攻方向。他声称牛顿在莱布尼茨之前就发明了微积分,莱布尼茨无论在发明微积分的时间上,还是在微积分符号的设计上都落后于牛顿。基尔随后更改了自己的言论,他宣称自己并不是指控莱布尼茨抄袭,他转而暗示采取“盗窃行为”的是整个德国。基尔坚持认为,虽然牛顿并没有出版自己的微积分方法,也没有与同时代的人分享他的研究成果,但他通过信件将微积分的知识告知了莱布尼茨。基尔声称,莱布尼茨能从牛顿1676年寄给他的两封信中获得发展微积分所需的一切。基尔强调,这两封信包含了“一个灵敏的头脑能够解读的充足信息”。

的确,基尔的这种做法显得很聪明。他(还有牛顿)在这场斗争中占据了上风,因为他们并没有试图证明莱布尼茨在历史上从牛顿那里偷走了什么,他们只是证明了莱布尼茨可以“借用”牛顿的研究成果。为了强化自己的观点,基尔还提出了更有力的证据，即牛顿发展的微积分方法要早于莱布尼茨的版本，这足以说明牛顿是微积分真正、也是唯一的创立者。

自从时运不济的法蒂奥试图为牛顿正名之后，十年以来，还没有一个人能对莱布尼茨提出如此强有力的质疑。莱布尼茨仅仅挥一挥手，法蒂奥对他的指控就像纸牌搭的房子一样垮塌了，基尔的攻击则要危险得多。基尔挖了一个很巧妙的陷阱，等着莱布尼茨来跳。

对欧洲人而言，1709 年冬天是一段可怕和悲惨的时光。在这一年，不同寻常的厄运降临到人们头上，法国人遭遇了军事上的惨败（指西班牙王位继承战争期间，1709 年 7 月 11 日法军和反法同盟军队在荷兰的决战，法军战败。——译者注），欧洲经历了大饥荒。此时人们不知道的是，另一场持续数十年的战争，马上就要爆发了。

第十章　该由谁举证

(1708—1712)

正义是一种社会美德，社会靠它来维系。

——莱布尼茨《自然法》

基尔的指控让莱布尼茨感到震惊和愤怒。莱布尼茨声称基尔那些草率得出的结论是完全错误的。更让他难以容忍的是，基尔这样一个他平时不放在眼里的小人物居然敢首先向他发难。基尔以为自己是谁？为了还原真相，莱布尼茨打算寻求可敬的皇家学会的支持——他一直是学会的长期会员。当年受到法蒂奥的攻击后，他就是这么做的，那时的皇家学会为他主持了公道，因此这一次他也抱有同样的期望。不仅是因为这两次的情况相似，还因为他坚信自己是对的。莱布尼茨认为自己并没有从牛顿那里偷走任何东西，他相信皇家学会睿智的成员们对这一问题的看法与他相同。毕竟，莱布尼茨是理性社会的坚定信徒。

和17、18世纪的许多科学家一样,对莱布尼茨而言,科学学会是他生活中不可缺少的一部分。莱布尼茨对学会在科学研究中的重要作用深有体会。莱布尼茨充分意识到了这些科学学会可能发挥的作用,因此他尤其重视它们。他对科学学会的热情几乎是无限的,因为它们符合他关于一个更完美世界的设想。莱布尼茨甚至试图在柏林建立这样的学会。

1697年,莱布尼茨从外交官约翰·雅各布·楚诺那里得知,索菲·夏洛特想在柏林建立一座天文台。莱布尼茨立刻给索菲写信,建议她扩大计划,在柏林创建一个科学学会。莱布尼茨创建柏林科学协会的设想因为柏林和汉诺威之间冷淡的关系而难以实现。不仅如此,在乔治·路德维希看来,撰写汉诺威王室的历史才是莱布尼茨的主要任务,而这项工作已经令人无法容忍地大大延期了。

最初,乔治·路德维希甚至禁止莱布尼茨前往柏林,但最终乔治做出了妥协。1700年,乔治终于允许莱布尼茨去柏林了,但前提是莱布尼茨必须受到柏林选帝侯的亲自邀请。在索菲·夏洛特和腓特烈三世的支持下,莱布尼茨终于成功地建立了柏林科学协会。腓特烈三世很高兴自己能够成为一项科学事业的赞助人。莱布尼茨被任命为柏林科学协会的第一任主席。腓特烈大帝后来说过这样的话:莱布尼茨自己就是一个科学协会。

其实,创立协会在德国并不是什么新鲜事。在当时的德国,已经有许多这种将人们定期聚在一起讨论哲学、物理学、数学、天文学或许多其他学科的团体了。莱布尼茨曾加入过耶拿大学一个学术团体。参加该团体的教授和学生每周会面一次,讨论与本学科相关的新旧学术著作。这并不是唯一的一次,莱布尼茨在莱比锡大学也加入过类似的学术团体。

但这些团体并不能与英国皇家学会或法国科学院这样的正规机构相比。莱布尼茨的目的是将柏林科学协会建设成超过英国皇家学会和法国科学院的学术机构。“这样一个协会的工作不应该仅限于满足人们科学上的好奇心和进行毫无结果的研究,或只是发现真理而不将其加以利用。协会应该做到的是,在研究开始之时就指明某项科学发明的用处,该项发明不仅能提高发明者的声誉,还应该能促进公众的利益,”莱布尼茨写道,“因此,这个协会的宗旨是,不但要促进艺术和科学的发展,还要大力鼓励农业、制造业、商业以及任何对生命的维持和发展有用的学科。”

莱布尼茨所设想的科学学会有些类似于现代的智库,但享有更大的权力。莱布尼茨认为科学学会的作用不应该仅限于提供建议、进行研究、寻找科研项目,学会还应该通过制定政策、充分利用科学成果逐步提高人们的生活水平。莱布尼茨希望除了科学之外,学会的注意力还能扩展到历史、艺术、商业等其他领域中去。

许多年来,莱布尼茨一直期望能按自己的标准建立一个科学学会。他的计划是宏大的,按照规划,柏林科学学会将包括观察站、实验楼、医院、图书馆、出版社以及博物馆。他并没有低估完成这一目标所需的经费。正是由于他清楚地知道这项事业所面临的巨大财政压力,他才提出各种看上去疯狂的计划来筹集资金。

为了替柏林科学会筹措资金,莱布尼茨想到了许多让人赞叹的新点子。他提出让教会捐款,发明了彩票,创建了许多新税种,包括酒税、个人所得税、出国旅游税、纸税。他不仅想垄断新日历、新年鉴以及消防车的生产,还想垄断桑树(桑叶是养蚕的原料)的种植。

莱布尼茨是如此渴望成功,他连续试种了多年桑树。但他最后还是失败了,因为德国的气候并不适合蚕的生长,他的桑树种植园最终被放弃并沦为废墟。和他的种植园一样,莱布尼茨的宏大设想最后也成了泡影。最大的问题在于,科学学会建在柏林,而莱布尼茨住在汉诺威。虽然莱布尼茨在学会建立后有了合理的理由前往柏林,但每次出发之前他仍需得到乔治·路德维希的许可。对乔治公爵而言,他当然不希望莱布尼茨在汉诺威之外的地方花费太多的时间——特别是在莱布尼茨还未完成需要他投入大量精力的汉诺威王室历史的编纂。

汉诺威宫廷和柏林宫廷之间的紧张关系给莱布尼茨造成了更大的障碍,这种不和甚至使莱布尼茨在柏林被指控为间谍。莱布尼茨的长期缺席大大降低了他在柏林科学学会中的影响力。在学会成立初期的大部分时间里,他都不在学会,人们也并不想念这位仅保留着头衔的主席。

学会里真正握有实权的两个人是雅布隆斯基兄弟。一个是学会书记,另一个担任执行主席。他们最终不再就新会员的人选问题征求莱布尼茨的意见,不仅如此,1710年,他们将冯·普林特森男爵选为学会的董事,这被莱布尼茨视作一个重大的侮辱。当学会于1711年1月19日正式成立时,莱布尼茨并没有到场。1715年4月,莱布尼茨在学会所领的薪金突然减少了一半。最后的侮辱是,莱布尼茨去世整整一年半的时间里,学会没有向这位过世的创始人致以任何形式的慰问。

莱布尼茨所创立的柏林科学学会并没有成为他所设想的那种机构,但他对英国皇家学会仍抱有很大的期待,相信只要他提出申诉,他们就会为他主持公道。

对牛顿而言,唯一重要的科学学会是伦敦的皇家学会。1703年11月30日,牛顿从皇家学会的数百名会员中脱颖而出,当选为学会主席,并负责监督许多重要的研究工作。此时这个有着光荣历史的科学学会已经发生了许多变化。学会吸收的新会员越来越少,会员的总数也开始下降。

在牛顿上任之前,皇家学会讨论的议题和研究的内容成为人们的笑柄。乔纳森·斯威夫特在他的小说《格列佛游记》中描绘了想从黄瓜中提取阳光的科学家,用以嘲笑皇家学会。据说皇家学会成员给空气称重的实验曾引得英国国王发笑,皇家学会对各种寻常或不寻常物质的药用特性的严肃讨论同样让人觉得滑稽。1699年,皇家学会一位叫作范·德·本德的会员曾在文章中写道:喝下约一品脱牛尿将使人“十分轻松地”排泄或呕吐。

牛顿的到来为皇家学会注入了活力,在其后的20年里,他管理皇家学会就如同一位现代首席执行官管理刚开办的公司。在随后的二十年,牛顿几乎亲自主持了皇家学会的每一次会议,包括理事会的小型会议。牛顿如此之长的任期是不同寻常的。牛顿之前的学会主席最长任期不会超过十年,一些人在位时间如此之短,只能被称作“代理主席”。例如,塞缪尔·佩皮斯从1684年至1686年担任主席,任期只有两年;克里斯托弗·雷恩从1680年开始担任主席,任期也只有两年。

可以毫不夸张地说,当莱布尼茨向皇家学会提起申述时,他实际上是在向牛顿申述。当时,牛顿本人就等于皇家学会。

1711年,牛顿与莱布尼茨之间就微积分的争论终于爆发成一场全面的战争。这段时期牛顿出版了好几部重要著作。1707年,威廉·惠斯顿出版了牛顿在剑桥授课用的拉丁文代数讲义《普通算术》。牛顿是在担任卢卡斯数学教授一职时完成这篇讲义的。1612年一位名叫亨利·卢卡斯的人在三一学院创办了一门以他的名字命名的自然科学讲座,卢卡斯讲座规定的教学内容是轮换讲授地理学、物理学、天文学和数学。从1672年开始牛顿就开始为他的讲义做注。1712年,这篇讲义已被翻译成英文在伦敦出版。同一时期,威廉·琼斯担任编辑,出版了牛顿的《论分析》。这本书介绍了牛顿微积分的一些基本成果,但并不包含微积分符号,也没有对微积分进行详细阐述。当时威廉·琼斯曾在约翰·柯林斯死后几年买下了他的私人图书馆,琼斯在大量的书籍和文件中发现了牛顿许多年以前写的文章。琼斯随后与牛顿取得了联系,要求牛顿允许他出版这篇文章,牛顿答应了,于是就有了 1711 年的《论分析》。

莱布尼茨或许不大关注牛顿刚出版的著作。在莱布尼茨看来,它们毕竟取自几十年前的材料,现在早已过时了。莱布尼茨更关心的是基尔在皇家学会 1708 年的《哲学学报》上发表的针对他的无礼的指责。由于《哲学学报》很晚才在汉诺威出现,因此莱布尼茨在 1711 年才看到基尔的这篇文章。

1711 年 3 月,莱布尼茨写信给英国皇家学会的书记汉斯·斯隆,向他抱怨自己遭受了不公平对待。1711 年 5 月 24 日,斯隆向皇家学会的所有成员宣读了来信。这封信的主要内容如下:“我希望皇家学会能对相关著作进行认真的审查,这样我就不必第二次向你们提出诉讼。几年以前,尼古拉斯·法蒂奥·德·迪勒曾公开发表论文对我大肆攻击,说我借用了他人的发现。我当时已在莱比锡的《教师学报》批驳并证实了这种说辞的荒谬。不仅如此,据我所知,贵学会的书记在一封信中也曾表示过你们(英国人)不支持这种指控。”

面对基尔的批评,莱布尼茨再一次使用了他之前对付法蒂奥的办法,即承认牛顿在数学领域的伟大成就。莱布尼茨认为牛顿以前支持过他,这一次也会继续支持他。“没有人比牛顿更清楚基尔的指控是虚假的,”莱布尼茨写道,“因为毫无疑问,我从未听说过流数微积分或见过牛顿使用的微积分符号。”

“牛顿具有真正伟大的人格,有人以英国和牛顿名义发表了狂热而不当的言论,据我所知,牛顿本人并不赞成这种言论,”莱布尼茨在信中继续写道,“然而,基尔先生在《哲学学报》1708 年 9 月刊以及 10 月刊(185 页)上继续对我进行极其无礼的指控,他声称我在自己的著作中使用了牛顿发明的流数理论,只是更换了若干术语和符号。”

与他回击法蒂奥时的做法相同,莱布尼茨再次将牛顿和他的攻击者(基尔)区分开来,莱布尼茨对前者仍抱有很高的敬意,同时认为后者是厚颜无耻的骗子。莱布尼茨认为,无论如何,基尔的错误言论都是需要纠正的。“虽然我不认为基尔先生是一个诽谤者,我相信他对我的错误指责更多源自于轻率的判断,而不是恶意,”莱布尼茨写道,“但我不得不说这种针对我的不公正的指控是一种诽谤。鉴于这种不实的指控很可能让其他莽撞和不诚实的人起而效仿,我恳请尊敬的皇家学会做出公正的判决。”

莱布尼茨想让基尔在英国皇家学会全体成员前发表公开声明,撤回对他的指控。莱布尼茨告诉斯隆,他想让基尔亲口告诉人们,他(基尔)收回自己所说的那些不实之词。“他把我说成一个发现他人的发明然后将之据为己有的人,”莱布尼茨解释道,“只有当众道歉才能弥补对我造成的伤害。他必须向人们表明他不是有意对我进行诽谤,唯有这样,才能警示其他想对我提出类似指控的人。”

1711 年 3 月 22 日,牛顿亲自主持了皇家学会会议,基尔也出席了这次会议,并同意给莱布尼茨回复一封让他满意的信。或许是有牛顿的帮助,基尔的这封回信写了好几个星期。1711

年4月5日,基尔终于向皇家学会递交了他的回信,基尔并没有在信中向莱布尼茨道歉。在第二次会议上,基尔激烈地为自己进行辩护,声称自己的言论绝不是诽谤,并对莱布尼茨进行了反指控。他说自己对莱布尼茨的攻击并非毫无缘由,而是为了回应后者1705年对牛顿的著作所做的匿名评论。基尔否认他对莱布尼茨的批评是严苛和不公正的,他声称这些批评只是对后者对牛顿不公正攻击的适当回应。基尔说他将向学会呈交一份关于微积分及其争端历史的详细书面报告。

毫无疑问,基尔的回信经过了精心的设计。基尔并没有直接指控莱布尼茨剽窃,而是简单地说牛顿首先创立了微积分,莱布尼茨看到了牛顿的一些发现。而这些"清楚和明显的提示",基尔说,"使莱布尼茨知道了微积分"。

1711年5月,基尔将自己的意见写在信中正式提交给斯隆。他在信中写道:"莱比锡《教师学报》出版商的错误做法使我不得不表明自己的态度,他们在评论牛顿的流数或求积分的著作时坚持认为这些方法是莱布尼茨先生首先发现的,牛顿因此受到了伤害。因此,我在这里坦率地表达对莱布尼茨先生的看法,并不是想要从他那里夺取什么,而是为了捍卫我认为理应属于牛顿自己的作者权益。"

最后,基尔对莱布尼茨居然要求微积分的发现权表示惊讶,他用客气而嘲讽的语气写道:"莱布尼茨在科学领域已经取得了如此多的不容置疑的成果,我实在不明白为什么他还要把别人的东西据为己有。"

基尔的这封答复信于5月24正式递交给英国皇家学会,皇家学会随后将信寄给了莱布尼茨。莱布尼茨看到这封回信后大为震怒。他仅仅要求基尔撤回指控以及在皇家学会发表公开声明,承认错误,基尔不仅没有接受他大度的提议,反而变本加厉,再一次对他进行恶毒的攻击,这绝对是无法容忍的。如果基尔不收回自己的话,莱布尼茨打算亲自把这封信塞进基尔的喉咙,或者至少让皇家学会下令,让基尔自己吃下这封信。

虽然莱布尼茨很不高兴,但他并没有因为生气而失去冷静。他显然认为自己与基尔处于完全不同的智力层面,而且确信皇家学会(毕竟,他现在仍是该学会的会员)会做出让他满意的裁决,驳回基尔"狂妄和不公正的叫嚣",并让他从此闭嘴。

1711年12月29日,莱布尼茨再次写信给斯隆,指责基尔是一个对真相一无所知的暴发户,并要求皇家学会纠正基尔的错误。直到此时,莱布尼茨仍没有对牛顿恶语相向,因为他对海峡对岸的这位与自己同样享有盛誉的同行还保持着尊敬。但毫无疑问,莱布尼茨对基尔是缺乏尊敬的,他并没有把基尔看作同等级的对手。

莱布尼茨在信中写道:"我想没有一个公正或理智的人会认为,我这样一个无须再为自己证明什么的人需要在这样的年纪担起一个起诉人的工作,被迫为这种不实的指控站在法庭前替自己辩护。而对我提出无端指责的仅仅是一个或许有几分学识,但对过去历史一无所知,而且未经这次事件当事人许可的暴发户。"莱布尼茨要求皇家学会(以及牛顿)纠正基尔的错误言论:“我相信皇家学会是有正义感的,一定能公正地裁决这种空洞和不公正的责难是否应予以谴责和纠正。作为一名杰出的学者,牛顿是熟知过去这段历史的,我相信就是他本人也不赞成这种说法。”

现在回想起来,莱布尼茨的做法似乎有些可笑。但在当时他的行为是完全合理的。牛顿多年来一直对此事保持沉默,他从未公开发表过任何类似于基尔那样的攻击性言论。在几年前,当法蒂奥以相同的剽窃罪名指控莱布尼茨时,牛顿一直保持缄默。当他的朋友(法蒂奥)遭受攻击时,牛顿并没有为其辩护。莱布尼茨或许坚信牛顿会支持自己向皇家学会提出的申述。

没有比这更脱离实际的预想了。事实上,莱布尼茨不受争议地保有微积分创始者头衔的日子已经屈指可数了。陷阱已经挖好了,莱布尼茨直接跳了进去。从莱布尼茨逝世的那天起,在他是否抄袭过牛顿研究成果这一问题上,质疑一天也没有停止过。

1711 年,基尔已和牛顿专门讨论过针对莱布尼茨的指控了。事实上,基尔的言论是得到牛顿支持的。但此时莱布尼茨还蒙在鼓里。1711 年基尔给牛顿寄去了一篇针对牛顿的《曲线求积法》的匿名评论的副本。这篇评论刊登在 1705 年发行的《教师学报》上,主要是暗示牛顿的著作是在莱布尼茨微积分的基础上改写而成的。基尔随文附寄的信中特意指出了这一侮辱:“我寄来的文章对你的著作进行了专门的评论,你可以读读从 39 页直到结尾这一部分。”基尔写道。

这篇评论文章就像是一桶汽油倾倒在火堆上。牛顿读到这篇评论时一定感到怒火中烧,因为很长时间以来,他一直在极力克制自己,试图让自己保持冷静——但事实上,直到莱布尼茨去世很长时间之后,牛顿的怨气才真正消散。牛顿一刻也没有怀疑过作者的真实身份,从一开始他就确定写这篇评论的人就是莱布尼茨,因为他知道《教师学报》这份杂志与他有着密切的关系。尽管莱布尼茨直到去世都不承认自己是这篇评论的作者,但牛顿的猜测完全正确:这篇评论就是莱布尼茨写的。

牛顿针对这篇评论写了几篇回应文章,但他并没有发表它们。这一期《教师学报》出版之后,又相继出现了多篇攻击牛顿的文章。有证据显示,多年以来,牛顿一直在自己的私人文稿中发泄对莱布尼茨的不满,其中一些评论甚至近于谩骂。对牛顿而言,莱布尼茨已经取代了胡克,成为他新的敌人,莱布尼茨就是犹大、撒旦的代名词。

牛顿写信给汉斯·斯隆(这封信他修改了好几次),对基尔和莱布尼茨之间的争论以及如今为人诟病的那段评论谈了自己的看法:“我之前从不知道这些文章(《教师学报》上的匿名文章),不过读了它们之后,我觉得自己有理由向在《教师学报》发表这些数学论文的作者表达不满,甚至比莱布尼茨先生抱怨基尔先生的理由更加充分。”

牛顿的说法有一点是正确的。莱布尼茨对于牛顿自己著作的评论的确显得不够大度。但另一方面,基尔显然是想击中莱布尼茨的要害,因此基尔对莱布尼茨的指控又走向了另一极端,他直接声称莱布尼茨的微积分是从牛顿那里照搬来的。

牛顿表面上仍保持着不偏不倚的公正姿态，他写信告诉斯隆，这是莱布尼茨和基尔之间的争论，他不想被牵扯进去："莱布尼茨先生认为一个像他这样年龄和声望的人……不应该和基尔先生发生这样的争吵，这也是我的看法。我认为，对我而言，和这些文章的作者进行争论，并不是一种适当的做法。因为这是文章作者和基尔先生之间的争论。"牛顿没有直接参与争论，而是以另一种方式左右公正的天平。

莱布尼茨向英国皇家学会提起申诉，要求裁决，这是一个灾难性的错误。因为牛顿是这一权威机构中最著名和最受人尊敬的科学家，牛顿本人就是皇家学会的主席，他比任何人都更有能力影响皇家学会对这一问题的处置。事实是，牛顿永远只会捍卫牛顿自己的利益。

为了答复莱布尼茨的要求，皇家学会于 1712 年 3 月 6 日委派一个专门的仲裁委员会来处理此事。在理论上，这是两名皇家学会会员之间的纠纷，学会解决问题的态度应该是真诚的，立场也应该是公正的。

但实际上，仲裁委员会的态度或它的工作很难说是公正的。委员会的成员大多是牛顿的朋友和同胞——像哈雷这样的人。或许是预料到委员会中的英国成员会偏袒他们的同胞，学会还委任了像德·摩根和普鲁士大臣伯内特这样的外国人。

正是由于这样的人员构成，牛顿后来声称委员会委员的数量和国际化的构成足以保证其公正性。但三百年之后，这种说法似乎很难站住脚,这个委员会其实不过是复述其主席观点的,经过巧妙伪装的工具而已。委员会并没有坐下来认真讨论流数和微积分孰优孰劣。他们直接认定这两种理论实际是一回事,只是所用的符号不同而已。因此,唯一需要解决的问题就是确定这一理论归属权:牛顿是第一个发现它的吗?委员会认为,他们所掌握的资料(主要是牛顿提供的资料)证明牛顿首先创立了这一理论。这对委员会来说是一个很容易得出的结论。对于委员会的这一评议,人们还能说些什么呢?该委员会在这事情上取得的最大成就,是他们打破了一个委员会完成委托工作的最短时间纪录。

仲裁委员会只用了六周时间来调查这一问题。1712 年 4 月 24 日,委员会完成了冗长而详细的报告,这份报告名为《对博学的约翰·柯林斯以及其他相关者书信的研究》。毫不奇怪,调查的结果对牛顿有利,并对莱布尼茨进行了谴责。这次调查将牛顿的声誉提升到一个新的高度,并将他塑造为过去五十年公认的最杰出的数学家。不仅如此,报告还把莱布尼茨说成是一个习惯性的抄袭者,再没有什么比这对莱布尼茨的声誉造成更大的损害了。

我在伦敦的皇家学会图书馆检查了这份报告的原始版本(实际是 1727 年的再版)。“我们已经查阅过了……约翰·柯林斯先生的论文”,报告以这样诚挚的语气开头。它基本上是一个收录了柯林斯和其他人往来信件的大文件夹。第一封是 1669 年巴罗写给柯林斯的信,最后一封是莱布尼茨写给奥登伯格的信。报告从这些信件中选择性地抽取了一些片段以及其他相关的文字资料,以证明牛顿是微积分的真正的创立者。

委员会似乎在一开始就已经设定莱布尼茨有罪了。报告的作者花了很大的工夫,从前后四十年的信件和文件中挖掘出零星的材料,然后将它们拼凑起来证实自己的假设。委员会呼吁人们注意莱布尼茨曾有强占他人作品的不光彩的先例——莱布尼茨曾和一位名叫佩尔的数学家谈过话,在交谈中他声称另一数学家之前的发现实际是自己的成果。“莱布尼茨坚称自己是真正的创立者,因为‘那是他自己发现的’”,报告中写道。

委员会还认为牛顿在 1669 年以前就创立了微积分,柯林斯的文件中发现了《分析学》的副本这一事实就是铁证。

报告最终得出了结论:1673 年至 1676 年莱布尼茨住在伦敦,这段时间他与牛顿保持着密切的通信往来,正是从这些信件中莱布尼茨获得关于微积分的一些信息。而且莱布尼茨并不能证明自己在收到牛顿的信件之前已经创立了微积分。报告还进一步指出,除了符号,莱布尼茨的微积分与牛顿的流数方法几乎完全相同,但前者创立的时间要晚于后者。因此,委员会做出了如下裁决:基尔的言论并不构成诽谤,他也无需向莱布尼茨道歉。

“我们认为,那些宣称莱布尼茨先生首先创立了微积分的人一定对他很早以前与柯林斯先生以及奥登博格先生的通信知道很少,或根本就不了解,”报告说道,“鉴于此,我们认为牛顿先生是微积分的第一创立人,并认为基尔先生只不过陈述了上述观点,并不对莱布尼茨先生构成伤害。”

皇家学会和学会主席牛顿审读了报告,认为它是正确和公正的,并决定出资出版这份报告。虽然这份报告并没有以精装本的形式在书店公开出售,但到1713年1月8日,人们已经可以买到了。不仅如此,皇家学会还亲自支付运费,将报告送到当时欧洲主要数学家那里。几份报告被送往巴黎,其中一份到了比尼翁神父手中,比尼翁把它交给了尼古拉·伯努利,伯努利又把它带到了巴塞尔并交给了自己的叔叔约翰,约翰于1713年6月7日给莱布尼茨写信,向他告知了此事。

对牛顿而言,这段公案已经真相大白并且结束了。在他发明微积分四十年之后,皇家学会的裁决终于肯定了他第一创立人的身份。而且最终的结论是如此令人信服,以至于从皇家学会发布报告一直到今天,当谈到微积分时,很少有人会把莱布尼茨和牛顿相提并论,人们最先想到的总是牛顿。

在莱布尼茨看来,皇家学会发布的这份报告无异于一记响亮的耳光。莱布尼茨认为,即使委员会成员的态度是完全客观的,他们的结论仍是值得怀疑的。但莱布尼茨从未有过机会质疑这些结论,因为委员会并没有邀请这位德国人陈述自己的观点。

尽管这份报告存在着缺陷,但它对这场微积分的争论造成了深远的影响。这份报告极大地动摇了莱布尼茨在人们心目中的地位,将他贬低为微积分第二创立者,甚至是一个机会主义的抄袭者。当时的舆论总体而言对莱布尼茨是不利的。莱布尼茨即使没有被彻底击垮,至少也摔了个大跟头。此后莱布尼茨一直试图做出反击,但直到他去世,仍没能恢复自己的名誉。

莱布尼茨的朋友劝他对报告进行回应。"大部分人可能因为你的沉默而认为这份报告是正确的",莱布尼茨的一个朋友写道。但莱布尼茨面临的最大问题是,牛顿是从历史的角度阐述整件事情。按照牛顿的说法,他发现流数要早于莱布尼茨发明微积分。不幸的是,这是事实,皇家学会的报告中有大量证据支持这一说法。但基尔坚称莱布尼茨看到了牛顿没有发表的文章,这些材料透露的信息足以让莱布尼茨发展出相同的理论。因为皇家学会的报告并没有驳回基尔的指控,莱布尼茨不得不亲自替自己辩护。但由于缺少有力的反证,在人们看来,牛顿的说辞显得更为可信。

莱布尼茨在巨大的争议中度过了他生命的最后几年。如果没有基尔的指控和皇家学会的最终结论,莱布尼茨所取得的伟大成就将会被人承认,他将快乐地度过晚年,而不用在生命的最后阶段还努力为自己多年前的研究成果进行辩护。莱布尼茨从未结婚,也没有子女,他引以为傲的就只有他的科学成就以及遍布于整个欧洲,受他的影响并将他的学问发扬光大的"门徒"了。而现在牛顿夺走了他最珍贵的一个孩子:微积分的创始权。

1711年,莱布尼茨曾有幸受邀与沙皇彼得大帝会面,沙皇当时正好来德国看望自己的儿子(彼得的儿子娶了德国的沃尔芬比特尔公主)。莱布尼茨建议沙皇开放俄国的图书馆和天文台,引进艺术和科学方面的教师。尽管遭到了来自伦敦的抗议,彼得仍于 1712 年再次召见了莱布尼茨,向他咨询如何在俄国发展和推动数学和科学。尽管莱布尼茨从未去过俄国,他仍被沙皇授予枢密顾问的称号,并得到一份丰厚的薪水。一年以后,沙皇访问了汉诺威,虽然莱布尼茨当时不在宫廷,但他听说沙皇在谈到他时不吝赞美之词。

这时,莱布尼茨已经不是一个健康的人了。他年老多病。他的腿饱受严重痛风的折磨,他几乎成了一个瘸子。但莱布尼茨并不太在意腿部的疼痛,他更多关注自己的声誉。

第十一章　莱布尼茨的反击

(1713—1716)

回顾最后几年的微积分战争或许会降低某些最伟大学者在我们心目中的地位。

——A. R. 霍尔《哲学家的战争》

莱布尼茨喜欢维也纳要远远甚于汉诺威，在汉诺威他常常觉得自己是孤独的。1712 年，莱布尼茨前往维也纳，在那里他向自己的朋友托马斯·伯内特抱怨道："我觉得自己的肉体和精神都被禁锢在狭小的空间里，之所以会有这种限制感，或许是因为我不是生活在一个像巴黎或伦敦那样的大城市，在那里有许多富有学识的人，他们不仅能告诉你有用的信息，还能在适当的时候帮助你。"这次维也纳之行是莱布尼茨最后一次远距离旅行，他在维也纳待了两年。

莱布尼茨受到了维也纳人热情的款待。正是在这座城市，莱布尼茨完成了他最著名的哲学著作之一《单子论》的初稿。莱布尼茨还向维也纳当局提出建立一个新的科学学会的计划。在莱布尼茨许多宏大的规划中,其中有几样是他特别情有独钟的:一个实验室、一个图书馆、一个天文台、一个植物园、一个地质研究所和一所医学院。他写了许多信件和便函解释自己的计划,不仅如此,他还直接写信给那些有能力支持他的贵族。莱布尼茨在维也纳宫廷中有不乏热心的支持者,查理六世曾认真地考虑过莱布尼茨的计划,但他最终没有给予莱布尼茨资金上的支持。

尽管有这些不如意之处,莱布尼茨在维也纳仍然过得很开心。他多次拒绝了乔治让他返回汉诺威的命令。愤怒的公爵决定在莱布尼茨返回汉诺威之前停发他的薪水,即便如此,莱布尼茨仍然执意留在维也纳。晚年的莱布尼茨颇为富有,而且他还有其他的收入来源。莱布尼茨 1716 年去世时,他的户头上已经有 1.2 万枚银币了,考虑到当时一个普通工人的平均周工资仅为一个银币,这算是一笔相当可观的财富了。1714 年,莱布尼茨还在维也纳等待事情的结果,这年夏天,他收到了汉诺威宫廷的一封来信,问他究竟是否打算回来。莱布尼茨立刻回信为自己辩护,他在信中详述了自己数十年来为汉诺威宫廷效力的经历。如果不是命运的捉弄,莱布尼茨很可能就在维也纳度过自己的余生了。

索菲亚于 1714 年 6 月 8 日逝世,终年 84 岁。当时她正在自己的一个宫廷花园散步，突然感到身体不适，倒在了地上，并再也没能起来。几个星期之后，安妮女王也辞世而去，此时，按照英国国会的决议，索菲亚的儿子乔治·路德维希，将确定会成为英国国王。路德维希于同年9月3日动身前往伦敦。虽然乔治放缓了行程，显出一副从容的态度，但他显然是乐于接受英国王位的。为什么不呢？乔治从一个小国君主和欧洲二流城市的统治者，突然变成了世界上最大、最繁荣的城市的统治者，成了欧洲最有权势的君主之一，他有什么可损失的呢？但同时，他接掌的是一个政治内斗激烈、社会问题严重的英国。不仅如此，几年之前南海经济泡沫的破裂更是对这个国家造成了沉重的打击（南海泡沫事件是英国在1720年春天到秋天之间发生的一次经济泡沫，它与密西西比泡沫事件及郁金香狂热并称欧洲早期的三大经济泡沫，经济泡沫一语即源于南海泡沫事件。——译者注）。

当时的英国经常爆发骚乱和暴动，强盗和匪徒横行霸道。人们还时常能在城门上见到钉在木棍上示众的犯人头颅。公开的处决（有时是残忍的石刑）被人们当作一种重要的娱乐形式。

伦敦的街头几乎汇集了世界上一切杂乱的事物：各种活的家畜，牛、羊、鸡以及它们的噪音和气味；不停吠叫，到处乱窜的流浪狗；无论白天还是夜晚都能见到酗酒和谩骂的士兵；叫卖货品的小商贩；在路上飞跑的仆人们；在污浊的空气中浪笑叫骂的乞丐和妓女；由随从簇拥着，在鹅卵石人行道上小心行走的达官贵人；以及从敞开的下水道漫流到街上的污物。

在许多描述中,乔治和他的大部分臣民同样粗鲁野蛮,因此他或许是治理这种混乱的最佳人选。根据我读过的一些历史记载,这种说法甚至过于宽大了。乔治冷酷而自私,甚至是病态的残忍。是历史的偶然让他当上了英国国王,一旦大权在握,他将按自己的方式进行统治。

莱布尼茨听到安妮的死讯之后,知道这意味着什么,他立刻回到了汉诺威。他当然不愿错过这个去伦敦的绝好机会。甚至在乔治成为英国国王之前,莱布尼茨就计划要去伦敦度过一段时间,因为“英国有如此多值得他与之深入交换意见的杰出人士”,他对一位朋友如是说道。

乔治出发三天之后,莱布尼茨才赶到汉诺威,因此两人并没有见面。乔治以嘲讽的口气谈到莱布尼茨:“只是当我成为国王之后,他才来找我。”莱布尼茨也想去英国,他提出自己可以陪伴卡罗琳公主,然而当公主动身时,莱布尼茨的身体状况已经不允许他进行长途旅行了。因此莱布尼茨没有去伦敦,而是去了附近的塞特兹,在那儿人们向他展示了一只能背诵字母表以及能叫出“巧克力”和“咖啡”这类简单词语的“会说话”的狗。他深切地感受到被抛弃的孤独滋味! 1714 年 12 月,普鲁士首相冯·伯恩斯托夫写信给莱布尼茨,让他不要前往伦敦。大约一个月之后,乔治·路德维希,现在是英国国王乔治一世,明确地告知莱布尼茨不要到伦敦来。他命令莱布尼茨一直待在汉诺威,直到他完成国王的家族史。莱布尼茨显然成了乔治一世顾问们的牺牲品,他们认为莱布尼茨到伦敦来一定会对他们造成妨碍。

此后，莱布尼茨继续在汉诺威为乔治工作，例如，他为乔治写了一本反詹姆斯党的小册子，当然是匿名的。

尽管遭受了这些不公待遇，莱布尼茨唯一的回应是要求国王允许他负责主编一部英格兰历史。乔治并没有被这一请求打动，他对自己的侄女说，“莱布尼茨必须首先向我证明，他能够写历史”。

由于汉诺威是一个科学和文化比较落后的地方，莱布尼茨所处的环境比牛顿要闭塞得多。莱布尼茨此后一直住在汉诺威，直到他去世。暮年的莱布尼茨疾病缠身，事务繁忙，并且一直被始终没有完成的皇室家族史和他与牛顿的微积分战争搅得心神不宁。

莱布尼茨本应留在维也纳的。正是在维也纳，莱布尼茨完成了他一些最好的作品。例如，除了《单子论》，他还写了一篇详细阐述中国哲学和科学的论文。

也正是在维也纳，莱布尼茨从约翰·伯努利（莱布尼茨最坚定的支持者之一）的信中第一次得知了皇家学会的那份报告。1713年5月27日，伯努利在给莱布尼茨的信中生气地说道：“特别让我气愤的是皇家学会这种蛮横的做法。一个似乎由原告和证人组成的法庭对你进行审判，他们一边指控你学术剽窃，一边炮制不利于你的材料，并依此做出裁决。结果并不奇怪，你输掉了这场官司，他们判你有罪。”伯努利将皇家学会的这份报告视作英国人企图窃取欧洲大陆知识分子的发现的明目张胆的强盗行为。

伯努利嘲笑基尔，认为他是牛顿的傀儡。伯努利还在信中写道，他相信报告中的某些文件是伪造或经过篡改的。更糟糕的是，伯努利说，英国人加之于莱布尼茨的罪名恰好是牛顿自己做的事：牛顿从别人那里窃取了微积分。伯努利认为牛顿在读过莱布尼茨的文章之前，根本没有掌握（甚至没有想到）他自称已经发现的东西。

"事实上，你可以在牛顿的《自然哲学原理》中找到不止一处地方支持我的观点。许多描述或计算原本应该用到他自己创立的流数积分，但事实上，几乎所有的问题都是通过使用惠更斯、罗伯瓦尔、费马和卡瓦列里早就使用过的方法来解决的。"在这一点上他无疑是正确的。牛顿写作《自然哲学原理》时，使用的主要是传统和正规的几何学方法，而不是与微积分关系更密切的代数方法。

早在1696年，伯努利就曾在信中指责牛顿抄袭了莱布尼茨的微积分理论，那时牛顿患有严重的抑郁症，正处于恢复阶段，而莱布尼茨被人们公认为是欧洲最伟大的数学家。因此，当时的莱布尼茨认为没有必要这样公开激烈指责。而且，牛顿当时并没有对外宣称微积分是自己首先创立的，因此莱布尼茨或许满足于不对此事进行深究。但1713年，莱布尼茨从伯努利那里得到的消息是，他的声誉受到了公然的诽谤。听说皇家学会驳回了他的申诉，莱布尼茨坚信学会的报告充满了恶意的谎言。莱布尼茨写信给伯努利，要求他对此事进行调查。伯努利于同年6月7日给莱布尼茨写了一封陈述自己关于此事看法的长达几页纸的回信。

几个星期之后，莱布尼茨给伯努利写了回信，这时他仍然没有亲眼看到皇家学会的报告，但他确信，报告中“愚蠢的论点”只会让人觉得可笑。他向伯努利表达了自己的遗憾之情，因为这么多年来他一直在说牛顿的好话，而且他对牛顿的态度是如此友好，现在他却要为自己的宽容和善意付出代价。

莱布尼茨认为自己不需要再这么宽容了。事实上，当皇家学会的报告发布之后，莱布尼茨对牛顿就不再留有任何情面了。他开始质疑牛顿是否真的创立了自己的微积分：“牛顿的确发明了流数，但流数并不等于他后来拼凑出来的流数积分。而且他是在我发表自己的微积分理论之后才提出流数积分的。”莱布尼茨在他写给伯努利的信中说道，“多年以来，英国人（甚至是他们当中最杰出的人）已经变得如此自大和虚荣，以至于他们不会错过任何盗窃德国人的机会，得手之后，他们还会装作自己是赃物的主人。”

伯努利立刻给莱布尼茨写了回信，在信中他建议自己的朋友应该多向英国人提一些只能用微积分解决的富有挑战性的问题，由此证明自己的理论更加先进。“如果你以质询的方式向英国人提一些更复杂的问题，一定能立刻堵住他们的嘴。他们一直吹嘘的具有悠久历史的微积分在解答这些问题时，将会充分暴露其缺陷和不足。”

在某种意义上，伯努利多年前提出的建议是正确的。我们的确可以这么认为，真正掌握微积分的人一定能正确和及时地解答必须使用微积分才能解决的问题。但牛顿成功地解决了这类问题,他证明自己完全有能力应对这种挑战。今天的人们很难揣测为什么伯努利和莱布尼茨会认为牛顿将被这些问题难住。尽管如此,在伯努利提出这一建议许多个月之后,莱布尼茨给威尼斯贵族孔蒂神父写了一封信,在信中他提出了一个新的数学问题来证明牛顿的数学理论比自己的理论落后。在信的结尾处,莱布尼茨说提出这一问题的意义在于,“替我们的英国分析家‘把把脉’”。当然,这一问题的意图十分明显,它显然是针对牛顿的。

这个数学问题是这样的,确定一条能由直角分割为无限多的能以相同的方程式表达的曲线。对莱布尼茨而言,不幸的是,这个问题并没能显示出英国人数学水平的落后,因为这一问题提出的方式出现了差错。这一问题被理解为找出一条满足该要求的具体曲线,而不是找出这种曲线的通用的求解方法。莱布尼茨的原意是要英国人回答后一个问题。因为找出通用的求解方法是非常困难的,只有真正地掌握微积分才能做到这一点。但莱布尼茨不幸使用了容易引起误解的措辞,以至于许多英国数学家误解了他的意思。孔蒂在三月给莱布尼茨的回信中说道:“伦敦和牛津的几个几何学家给出了他们的解决方案。”

这次提问并不成功,但它不是莱布尼茨唯一的反击手段。正如前文所说,约翰·伯努利写信告知莱布尼茨皇家学会报告的事情,伯努利还在这封信中提到他几年前在牛顿的《原理》中发现了一个错误。事实上,牛顿本人也注意到了这个错误。提醒牛顿的人正是约翰的侄子尼古拉斯·伯努利。他在1712年去了伦敦,在那儿尼古拉斯与牛顿会面并把这一错误告诉了牛顿。

牛顿在1712年10月写信给尼古拉斯,向他表示感谢。牛顿在信中写道:"我随函附上改正后的抵制介质密度的解决方法。我希望他能看到这一解决方法,并请你转达我对他向我指出错误所表达的谢意。"牛顿显然十分高兴能在1713年,即《原理》第二版出版之前纠正这一错误。牛顿《原理》第二版进行了广泛的修改,这花去了他多年时间。

但牛顿犯下这一错误的事实可能会让约翰·伯努利怀疑他是否直到十七世纪八十年代后期(即第一版《原理》出版时)对微积分还缺乏充分的理解。如果这是事实的话,牛顿就不可能是微积分的发明者,伯努利在1713年把这一推论告诉了莱布尼茨。这一年,伯努利还在一直支持莱布尼茨的《教师学报》上发表了批评《原理》的文章。但伯努利并不想引人注目,像基尔攻击莱布尼茨那样公开地批评牛顿,他的文章是以匿名的方式发表的。尽管如此,莱布尼茨还是从伯努利对牛顿的这篇质疑文章中得到了启示,写了一篇关于牛顿的简短评论,这更加激化了他与牛顿之间的矛盾。

这篇《快报》1713年7月29日面世,是一份很短的印刷品,没有署名,但几乎所有人都能猜出作者是谁。这篇《快报》和皇家学会的报告一样存在着缺陷。毫无疑问,《快报》是莱布尼茨专为攻击和嘲笑牛顿而写的。莱布尼茨在文中始终用第三人称称呼自己。《快报》的中心思想是重复和强调伯努利的观点:牛顿抄袭了莱布尼茨的微积分理论。《快报》写道:"许多年之后,牛顿终于弄出了他称之为流数积分的东西,除了符号和术语,这种算法与微积分毫无差别。"讽刺的是,这和牛顿阵营指责莱布尼茨的理由和措辞几乎完全相同。

不过,莱布尼茨为自己进行了有力的辩护,他把自己描绘成一个因为坦率真诚的性格而遭受背叛和欺骗的人。"另一方面,莱布尼茨总是从他自己诚实的本性出发来判断他人,"《快报》写道,"因此,当那个人(牛顿)宣称自己独创了这一理论时,莱布尼茨很容易就相信了。所以当时莱布尼茨说看来牛顿自己发展了某种类似于微分学的方法。"

《快报》声称牛顿阵营和基尔攻击莱布尼茨的根本原因是,英国人患上了一种"不正常的对外恐惧症",这种恐惧使英国人总想窃取欧洲大陆的科学成果,其具体表现就是把微积分的发明完全归功于牛顿。《快报》的这种说法正是莱布尼茨和他的支持者们反复强调的观点。毫不奇怪,他们(莱布尼茨阵营的人)知道的许多英国人(其中最著名的是瓦利斯和柯林斯)都是支持和维护牛顿的。正如伯努利在莱布尼茨去世之前的几个月给他的一封信中说到的:"英国人的特点是他们不愿和其他国家分享任何东西,总想把一切事物都据为己有……我甚至怀疑,他们是否会承认牛顿也会犯错误,或承认牛顿在任何具体的问题上犯过错误。"

莱布尼茨在《快报》中宣称(依然是用第三人称),当他察觉到自己遭受了背叛和不公正的对待后,他开始“更仔细和全面地考虑了这一问题,而在此之前由于他对牛顿抱有某种偏执的好感,他原本是不会这样做的。英国人极不公正的程序让他开始怀疑牛顿的流数积分是以他的微积分为基础发展而来的。”

为了证明牛顿的确抄袭了莱布尼茨,《快报》收录了一位权威数学家“公正的”意见,这名数学家指出,牛顿是第二个发表积分文章的人。《快报》还举出伯努利三年前在牛顿书中发现的错误,以此证明牛顿是在十七世纪八十年代后期,参照了莱布尼茨的微积分之后,才发展出自己的数学方法。牛顿的支持者们后来抓住《快报》的这个部分大做文章,因为除了“权威的数学家”之外(后来被证实是指伯努利),这一部分还提到另一位“著名的数学家”。牛顿阵营认为这位“著名的数学家”就是莱布尼茨自己,所以此后他们都以“著名的数学家”来称呼莱布尼茨。

但这篇攻击牛顿的《快报》公开发布后,莱布尼茨却成为第一个受到伤害的人。《快报》中最辛辣的地方或许是莱布尼茨对牛顿窃取微积分发明权企图的嘲讽。莱布尼茨将牛顿的盗窃行为归之于英国人的贪婪和骄傲:“对过去历史一无所知的谄媚者和对名声的渴望,对他(牛顿)造成了严重的不良影响。靠着他人(此处显然指莱布尼茨)的善意,他得到了原本不属于自己的一份好处,然而他还并不满足,想把所有的成果都据为己有,这种行为既不公平也不诚实。”不仅如此,《快报》还重新翻出了牛顿早年与胡克就《原理》一书进行的争论,以及牛顿和天文学家约翰·弗拉姆斯蒂德关于月球运行理论上的争吵:“牛顿这么做并不奇怪,胡克和弗拉姆斯蒂德就曾抱怨过,牛顿引用了他们的行星假说和观测成果,却不承认他们的功劳。牛顿一向不是一个愿意承认他人成就的人。”

莱布尼茨让一个名叫克里斯蒂安·沃尔夫的朋友帮他印刷和发行,这篇《快报》已经传遍整个欧洲,约翰·伯努利同年5月写信给莱布尼茨分享这一好消息:“沃尔夫先生寄给我许多份,上面有您对皇家学会报告的答复(沃尔夫是这么说的)。同样的声明也可以在莱比锡的一份公开出版的杂志上看到。他要我在自己认识的数学家中分发这篇《快报》,我当然照办了。不仅如此,我还寄了不少到法国。但我不想把它寄到英国去,以免英国人怀疑我是这篇回复的作者。”

从那时起,牛顿和莱布尼茨之间的争论(或者说是斗争)变得更加激烈了。虽然莱布尼茨否认他是这篇《快报》的作者,但几乎没有人怀疑(特别是牛顿)莱布尼茨本人就是作者。一个叫约翰·张伯伦的人寄给了牛顿一份。牛顿怀着难以置信的心情读了,看完后怒不可遏,决定尽一切可能对莱布尼茨进行回击。此后,牛顿写了许多篇回复文章,其中的几篇是人们在他去世之后留下的文件中发现的,牛顿生前并没有公开发表或以信件的形式寄给别人。

几乎与此同时,1713年夏天,一份新的荷兰杂志在它出版的第一期中刊登了由莱布尼茨的朋友沃尔夫翻译的皇家学会的《报告》。为了在牛顿和莱布尼茨之间保持中立,该杂志还登载了基尔的一篇文章,并将之命名为《伦敦来信》。这篇文章摘录了牛顿四十年前写给柯林斯的一封信的部分内容，牛顿在那封信中讲述了他是怎样发现切线的。基尔声称这封信已经寄给了莱布尼茨。作为回应，莱布尼茨在同年年底发表了一篇名为《关于这场争论的评论》的文章。在这篇文章中，莱布尼茨再次指出，牛顿在《原理》一书中犯了严重错误，这足以证明自己才是微积分的第一发明人。

荷兰的杂志持续对这场争论保持着特别关注，它在另一期上刊载了莱布尼茨的《快报》、他对学会《报告》的匿名评论，以及他对基尔言论的匿名回复文章。

所有这些文章都采用匿名的原因很简单：基尔的攻击是莱布尼茨无法忍受的，但他不愿正面回应一个不仅在年龄上比自己小，而且在成就和智力上也比自己逊色得多的数学家。莱布尼茨似乎是觉得没有必要降低自己的身份来回应基尔这样一个不够级别的对手，他认为牛顿才是需要直接面对的敌人。

但牛顿和基尔已经安排好了在这场争论中各自应该扮演的角色，并打算坚持他们的计划。1714 年 2 月 8 日基尔写信给牛顿，在信中他提到了莱布尼茨对学会《报告》的匿名评论，并询问牛顿："为了进一步答复莱布尼茨先生，我将很乐意知道您有哪些针对性的意见……我认为，为了揭露莱布尼茨先生所有的盗窃行为和错误，我们应采取更加巧妙的策略。"基尔在给牛顿的另两封信中谈到了莱布尼茨写的评论文章，基尔说他"从未看到过这样充满了无耻谎言和诽谤的文章"，这样的谎言必须立即予以回击。

将近两个月之后,牛顿才以似乎很随意的口吻答复基尔:"我建议你先写一份你认为合适的答复,我会寄给你一两封信,说明我对这一问题的看法,你可以将它们和你的看法进行比较,最后综合成你认为合适的答复。"牛顿针对莱布尼茨匿名评论的回复不少于七封信,但他都没有公开发表。

公开回应莱布尼茨是基尔的任务。基尔在5月将一份答复的草稿寄给牛顿,这份答复稿最终变成了一篇42页长的文章,发表在1714年7/8月的荷兰杂志上。有充分理由相信,牛顿对这篇名为《对〈评论〉作者的回复》的文章做出了重要贡献,因为单凭基尔的能力,是无法完成如此高水平的学术论文的。

此时,牛顿和莱布尼茨关于微积分的争论已经完全公开了,报纸和杂志上出现了大量描述两人不和的文章。越来越多的人知道了这件事,许多与他们同时代的人都被不由自主卷进去。牛顿在英国知识界的敌人把学会《报告》这类攻击莱布尼茨的文章的副本,以及据信是牛顿的言论寄给或告知莱布尼茨。天文学家约翰·弗拉姆斯蒂德更是将牛顿月球理论的错误列成清单,寄给莱布尼茨。

莱布尼茨的一些支持者觉得反击还不够有力。如果莱布尼茨能直接回应牛顿,发表自己的调查报告,他的观点将显得更有说服力。伯努利建议莱布尼茨发布自己的报告,认为这能帮他取得完全的成功。"我认为牛顿先生最终会因为轻信谄媚者的话而付出代价,"伯努利写道,"你最好是集中精力,以最快速度公开回复皇家学会的《报告》,不然他们会得意忘形,认为你心虚,不敢进行反击。”

事实上,莱布尼茨宣称他自己的《报告》比皇家学会的《报告》更加公正,因为他的《报告》会收录所有相关的信件和文件,而不像学会的《报告》那样,有倾向性地选择一部分文件的同时故意忽略另一部分文件。当牛顿听到这种批评后,他说如果莱布尼茨真有这样的信件,就尽管把它们展示出来好了。牛顿还说,他还有许多比学会《报告》中的信件更有力的信件,只不过他不想公布它们而已。

莱布尼茨在1714年年底给约翰·伯努利的信中写道:“那儿(英国)的许多杰出人士完全不认同牛顿追随者们的吹嘘之词……我打算公布一些自己的通信,这些信件将证明牛顿在某些问题上有多么无知。”

但对莱布尼茨而言,要做到这一点并不容易。首先,1712年至1714年他待在维也纳,这使他几乎不可能接触到所有相关的信件。其次,他很难仔细查阅自己在过去的几十年里写下的难以计数的信件,并从中找出相关的证明材料。仔细看完一大堆这样的信件可不像翻阅为了某一特定的目的收集起来的文件那样简单,皇家学会在撰写《报告》时采用的就是后一种办法。不仅如此,莱布尼茨的许多文章的原稿都是用很小的字体潦草写成的,一些字母甚至小到不用放大镜就无法辨认的程度。莱布尼茨还习惯以这种小字在页边写旁注,对文章进行多种形式的修改——在任何他认为合适的地方插入新的词句,划掉错误或多余的,更改不合适的……即便是最熟悉自己字体的莱布尼茨本人，想要快速阅读自己的原稿也是不可能的。而且莱布尼茨始终被一只无形的手束缚着，乔治一世一直都在向他施加压力，让他尽快完成皇室家族史。

与此同时，牛顿一定意识到皇家学会的《报告》并不足以支持他的观点。他写了一篇名为《对〈报告〉一书的评论》的文章。此后牛顿围绕这篇文章所做的事包括：他以匿名的形式将这篇文章发表在皇家学会《哲学学报》上（这篇文章整整占据了3页版面）；他让人将它翻译成法文，发表在荷兰的那家杂志上；他在别的期刊上发表了关于这篇文章的专门评论；他将这篇文章印成许多小册子，散发到欧洲各地；他让人把它翻译成拉丁文。最后，牛顿终于成了一位人们一直期待他的多产作家（这里是讽刺牛顿以不同形式发表了同一篇文章。——译者注）。

在这份《评论》中，牛顿极力攻击和贬低莱布尼茨在数学领域做出的最大贡献之一：微积分符号的发明。莱布尼茨发明的微积分符号极大地增强了数学家学习和运用微积分方法的能力，而且至今仍在应用。牛顿在《评论》中以高傲的口气写道："牛顿并不仅仅局限于创建符号。"莱布尼茨阵营对牛顿的态度同样极为敌视，莱布尼茨的支持者们充满怨气，矛头大部分是对着基尔的。1714年下半年，克里斯蒂安·沃尔夫在他写给莱布尼茨的信中声称基尔的推理十分幼稚："不仅是他（基尔）的厚颜无耻，他空洞的夸夸其谈同样让我感到吃惊……他绝不是一个人在战斗，他身后的那个人是牛顿。"

莱布尼茨几个月之后给沃尔夫写了回信："我不想回应基尔

那种粗鲁的人。我认为他写的东西根本不值得我去看。”莱布尼茨在另一封信中说的话更能显示他的真实感受:“基尔的言论表明他是个不折不扣的乡巴佬,我不想和这样的人扯上关系。和那些只会吹牛说大话的人讲理是毫无意义的,因为他们根本不理会事情的实质……有时候,我更愿意用一根木棍,而不是文字教他明白事理。”基尔身体健康,比莱布尼茨年轻好几岁,莱布尼茨因为严重的痛风几乎成了瘸子。

此时,莱布尼茨想尽快将伯努利也拉入到战局之中,这样伯努利就能像基尔支持牛顿那样支持他了。的确,伯努利是完成这一任务的不二人选。伯努利有多年运用微积分的经验,是微积分领域公认的权威。与基尔不同,伯努利还是一位非常出色的数学家,而基尔无论是在能力和成就上都要大大逊色。事实上,伯努利是当时仍在世的少数能在数学领域与牛顿和莱布尼茨相提并论的学者之一——甚至可以说,伯努利或许是比这两人更杰出和纯粹的数学家。

如果伯努利愿意,他对莱布尼茨的帮助将远远超过基尔对牛顿的帮助,他的个性也非常适合这件事。尽管伯努利在这场争论中坚定地支持莱布尼茨,莱布尼茨认为,伯努利最好能公开支持自己。

但伯努利并不想被置于这场战争的第一线,他要求莱布尼茨不要将他卷入到这场争论。伯努利当时十分矛盾,他不想让自己的名字出现在这场争论中。一方面,他忠于自己的朋友和长期的合作伙伴。作为一个数学家,伯努利所取得的成就和声誉在很大程度上要归功于莱布尼茨将微积分发展成一种能为数学家掌握和使用的有效数学工具。但同时他也不希望在和牛顿打交道时有失礼节,因为他个人对这位英国最优秀的学者并无恶感。事实上,伯努利对牛顿是心存感激的。牛顿对他一向都很友好,并帮他获得了英国皇家学会的会员资格。伯努利的儿子前往伦敦时还受到了牛顿热情的款待。

不过,莱布尼茨并没有轻易放弃拉伯努利下水的想法。他并没有认真地替伯努利隐瞒身份。一次,莱布尼茨在一封信中提到了他最近提出的"替英国分析家'把脉'"的数学问题,并透露这个问题是伯努利构想的。为了拉伯努利入伙,他告诉伯努利,牛顿已经知道小册子中那封信的作者是谁了。"我不知道牛顿是怎么知道我是这封信的作者的,"伯努利写信回复道,"因为除了你和我之外,没人知道这封信是我写的。"最终,莱布尼茨还在匿名评论中透露了那封信的作者就是伯努利。为了让伯努利走上前台,莱布尼茨甚至在自己的信件中将伯努利称为牛顿的批评者之一。

当牛顿发现了伯努利就是那位"神秘的"数学家后,他立刻进行了回击。1716 年,牛顿称伯努利是一个"装模作样的"数学家。伯努利多年来一直否认这封信是他写的。莱布尼茨去世后,伯努利试图修复与牛顿的关系,他让牛顿知道自己并不是这封信的作者,莱布尼茨误导了公众,让人错误地以为信是他(伯努利)写的。伯努利写信给法国数学家皮埃尔·雷蒙德·德·芒特莫特:"我最期盼的事莫过于和他(牛顿)保持良好的关系了,我希望能有机会让他知道我有多么重视他那些宝贵的优点。事实上,除了赞扬之外,我从没说过他任何坏话。”

另一方面,牛顿接受了伯努利伸出的橄榄枝,他用法语给芒特莫特写了回信:“我非常欢迎并愿意接受他(伯努利)的友谊。”

虽然伯努利不愿亲自调解牛顿和莱布尼茨的关系,但仍有其他许多人愿意这么做——并不是因为他们真的支持哪一方。事实上,当双方的火气越来越大,矛盾越来越表面化时,英吉利海峡两边许多与此事并无关系的第三方人士都希望这场争论最终能以和解的方式收场。

约翰·张伯伦就抱有这样的雄心,他与牛顿和莱布尼茨同时保持着通信,试图以一己之力调停两人的纷争。张伯伦于1714年2月27日写信给莱布尼茨,他在信中说:“我得知欧洲两位无可争辩的最伟大的哲学家和数学家在学术问题上产生了分歧。这两位学者的名字不需要我进一步说明了。其中一位是德国的骄傲,另一位是英国的荣耀。我有幸与这两人都保持着友谊,他们的友谊或许我永远都配不上,但它仍将是我最为珍视的东西……如果我能通过自己的微薄之力化解此次纷争,那将是我的荣幸,也将是学术界的一件幸事。”

但张伯伦化干戈为玉帛的美好愿望并没能得以实现。他的出现只不过让莱布尼茨多了一个可以发泄怨气的对象而已。1714年4月,莱布尼茨给张伯伦写了一封措辞强硬的回信。莱布尼茨在信中声称,牛顿授意皇家学会撰写《报告》的目的,就是以不公正的手段来败坏他的名誉。而且他怀疑牛顿究竟是否在看过自己的著作之前就发明了微积分。牛顿这一方面同样难以做到不计前嫌。张伯伦将莱布尼茨信中的意思转达给牛顿，牛顿回复说他不能否定正确的观点，学会《报告》中的内容都属实，并没有冤枉莱布尼茨，因此不能收回。

莱布尼茨给张伯伦写了另一封信，他在信中表达了自己对《报告》的不满，并要求英国人将这封信递交给英国皇家学会。信中有这样一段内容："我并不认为学会目前的结论就是最终的裁决。然而牛顿先生为了败坏我的名誉，却以皇家学会的名义公开出版了这一不成熟的结论，并把它寄往德国、法国，甚至意大利。这种虚假的结论和对皇家学会资格最老以及从未做过任何损害学会事情的会员之一毫无道理的侮辱是不会得到人们支持的。"

牛顿自己翻译这封信并在皇家学会的全体会议上宣读。可想而知，与会的会员们对这封信的内容嗤之以鼻，不出意料，会议通过了一项对这封信不予置评的决议。皇家学会1714年5月20日的日志是这样记录的："在最后一次会议上，主席宣读了译成英文的莱布尼茨先生写给张伯伦先生的信。这封信认为皇家学会与此事有关联，这种说法有失公允，学会并没有这样做的理由……"

与牛顿的态度不同，基尔则愿意正面回应莱布尼茨的挑战。几个月之后，基尔给张伯伦写了一封信："如果莱布尼茨先生还打算继续无理取闹，我会拿出更多的证据让世人知道他的本来面目。”

这样的言论使得莱布尼茨以及他的支持者与基尔更加势不两立,莱布尼茨阵营开始以最残酷的方式对待基尔。例如,莱布尼茨的朋友沃尔夫给他写了一封信,沃尔夫在信中散布了关于基尔最恶毒的消息:“前几天我从一个来自英国的朋友那里得知,基尔完全不像一个职业学会的主席,他的所作所为让人感到羞耻。他经常带着由他照顾的学生光顾酒吧和妓院,酗酒和嫖妓是他最大的嗜好。他道德败坏,如果继续下去,他放荡的行为可能会让他名誉扫地……”

人们不仅能听到关于基尔的负面消息,甚至出现了有关牛顿的各种“故事”。莱布尼茨在他的信件中高调地质疑牛顿《原理》中的一段文字。这段文字可以在该书的第一版中见到,但在第二版中被可疑地删掉了。

莱布尼茨还写信给孔蒂神父和德·吉尔曼赛格夫人这样的名流,说多年以前,牛顿在他的《原理》一书第二卷的第二引理的总结部分,就曾承认他才是微积分的创立者。牛顿的这段文字是这样写的:“大约十年前我和出色的几何学家莱布尼茨先生通过信,我告诉他我掌握了通过划切线确定极大值和极小值,以及与此类似的数学方法。这种方法同样对有理量和无理量都适用……这位杰出的学者给我写了回信,说他也发现了同样的方法,并将他的方法告知了我。让人吃惊的是,除了符号不同之外,我们的方法几乎完全一样。”

奇怪的是,莱布尼茨和牛顿以及双方阵营对这段文字有着不同的理解。莱布尼茨认为这段文字表明牛顿本人承认了当时莱布尼茨已经掌握了和他相同的数学方法。牛顿和他的支持者则认为这段文字充分证明了牛顿首先创立了微积分方法。数学家约瑟夫·拉夫逊为了声援牛顿，于1715年出版《流数的历史》一书，拉夫逊在这本书中详述了双方观点的差异。可惜《流数的历史》面市之前他就去世了。

拉夫逊仔细查阅了他能找到的所有此前公开出版的相关文件。牛顿的著作此时尚未出版，有些资料是一般公众无法接触到的，但牛顿多年以来一直允许拉夫逊阅读他的部分个人文件。《流数的历史》显然是偏向牛顿的，该书在前言中反复强调牛顿的天才让他首先发明了微积分。为了"还原真相"，拉夫逊甚至编撰了一份有利于牛顿的年表。这份年表暗示，相比牛顿的微积分，莱布尼茨的微积分显得"笨拙和效率低下"。牛顿为《流数的历史》写了整整7页的说明，他的辩词被加进该书的附录之中。牛顿为自己早年在《原理》中的那段文字进行了辩护，声称那段话只是被莱布尼茨进行了曲解，并不代表他承认莱布尼茨独立创立了微积分方法。牛顿在说明中写道："那段总结并不是要把引理的发现权让给莱布尼茨先生，与此相反，它正好证实了我才是引理真正的发现者。"

事实上，当莱布尼茨看到拉夫逊的《流数的历史》时，他正在以自己的角度写这场战争的历史，他将之命名为《微分学的历史和起源》。他早就有这个打算了。二十年前，莱布尼茨曾写信给惠更斯，表达了自己想写一本有关微积分著作的想法，尽管这一想法在当时显得有些超前。“你的建议更加坚定了我打算写一部解释微积分基础原理和应用的著作的决心，”莱布尼茨写道，“为了证明我的数学方法的有效性，我会在本书的附录中收录一些几何学家使用我的方法所取得的卓著的成果和发现，我希望他们能把这些成果寄给我。如果你方便将我的意思转达给德·洛必达侯爵，我相信他会这么做的。据我所知，伯努利兄弟也很愿意这么做。如果瓦利斯先生在他的代数中使用了牛顿先生的某些能对我们的工作起到帮助的方法，我将会利用它们并向牛顿致以谢意。”

但是，和汉诺威王朝的历史一样，莱布尼茨最终没有完成这本《微积分的历史和起源》。莱布尼茨或许是缺乏仔细梳理旧笔记和信件的耐心，或者只是因为他还有其他许多事务需要处理以至于抽不出时间写。尽管如此，他所完成的片段仍是一篇能打动人的优秀文章。这本未完成的书第 5 章开头的一段强调了明确任何一种发现（特别是微积分）真实起源的重要性。“许多人认为，有史以来最重大的科学发现是一种新的数学分析方法，人们称之为微积分。目前，虽然这种方法的要点已为学界的人们熟知，但大多数人并不知晓它是怎样发展而来的……”莱布尼茨写道。在接下来的段落中，文章的语气变得越来越激烈，关注的重点开始逐渐转入到他和牛顿争议上：

“微积分真正创立者究竟是谁从来就不存在任何争议，直到 1712 年，某个学术界的暴发户，要么是因为对过去历史的无知，要么是出于忌妒，或者是抱有利用此事出名的妄想，或者干脆是想拍某人的马屁，无中生有地捏造了一个新的微积分发明者。这个新的发明人被大肆吹捧，真正创立者的名誉则遭受了严重损害。前者被说成是掌握了尚未被其他人发现的方法。不仅如此，这些阴谋论者手段狡猾，他们一直等到惠更斯、瓦利斯、契尔恩豪斯这样一些知道真相，可以用有力证据驳倒他们谎言的学者们全部过世后，才对真正的发明人发起攻击。”

莱布尼茨将他自己也写进了《微积分的历史和起源》中，他收到了一封牛顿的亲笔信。这封信可看作牛顿想要促成和平的又一次努力，但这次尝试并没能成功，这封信也成了两人之间的最后一次通信。牛顿让孔蒂神父帮忙，把在伦敦的大使和外交大臣们——包括德·吉尔曼赛格男爵和汉诺威大使——召集起来，请他们来决定微积分归属权的问题。这是一次自信而大胆，也是注定会失败的尝试。虽然大使们非常高兴能在一起讨论这个问题，但他们最终无法做出决定。

牛顿让大使们看皇家学会的《报告》和相关材料，但对任何人而言，想读懂这些文件都不是件容易的事，更何况牛顿邀请的是一群数学方面的门外汉。然而，这些人一向对自己的智力水平或至少是品味抱有高度的自信，他们为了保全脸面绝不会承认自己无法胜任这项任务。

为了最终解决争端，男爵敦促牛顿给莱布尼茨本人写信，孔蒂神父将男爵的意见转达给了牛顿。因为正是在孔蒂的帮助下，牛顿才得以将大使们召集起来，讨论这一问题。牛顿不得不听从他的意见，给莱布尼茨写了一封信。牛顿在1716年2月26

日写好了信,孔蒂神父将信送到了汉诺威。

虽然这封信里并没有什么新意,但牛顿显然花了不少时间才完成它。这封信不过是一次语气尖刻的老调重弹,将所有的证据重新复述一遍。对牛顿而言,皇家学会的《报告》是由"不同国家多个受人尊敬的绅士"组成的委员会所发布的准确公正的证据的集合,他不打算收回哪怕是其中的一个字。

牛顿认为到目前为止,他的说法是有充分根据,站得住脚的。这封信对莱布尼茨的一些理论提出了批评,并在结尾处指出,如果莱布尼茨指控他有抄袭行为,就应拿出有力的证据来证明这一点。"他最近以剽窃的罪名对我进行攻击,如果他继续这样做,那么根据所有国家的法律,他有责任证明他的指控……他是控诉人,因此他负有举证的责任",牛顿写道。孔蒂神父将自己写给莱布尼茨的信和牛顿的信一起交给了莱布尼茨。孔蒂在自己的信中直接询问莱布尼茨,究竟是谁最先发明了微积分。莱布尼茨很快就写信给伯努利,以得意的口气说道:"在发现我不屑于回答基尔的无知言论后,牛顿不得不亲自出面应对此事了,他给我写了一封信,孔蒂神父将这封信转交给了我。"

伯努利写信回复了莱布尼茨:"牛顿亲自回应是件好事,他终于扔掉面具,开始以自己的名义战斗了……只要牛顿能以坦诚的态度(我认为他是拥有这种品质的)如实地讲述过去发生的事情,并公开承认你所陈述的事实,无论结果是什么,我们都能还原历史的真相。"

但是这次通信并没有产生理想的结果。牛顿在收到莱布尼茨的回信后,给莱布尼茨回复了一封更长的信。这封信没有任何新意,只不过将自己的观点又重复了一遍。

这时莱布尼茨或许意识到他终于开始和牛顿进行他一直盼望的,面对面的直接对抗了。莱布尼茨随后采取了在 18 世纪类似于今天在网络上发布信息的行为。莱布尼茨试图把尽量多的人拉入到这场争论中来,他将多份自己写给牛顿的信的副本寄到巴黎,好让更多的人了解这一事件。莱布尼茨委托芒特莫特帮他散发信件——莱布尼茨告诉芒特莫特,他想让巴黎所有的数学家都看到这封信,这样他们就能成为此事的见证人。在这封信中,莱布尼茨否认是他首先指控牛顿抄袭了自己的发现,同时再次强调了那些喜欢讨好和奉承牛顿的人对他施加了不良影响。"他那些新朋友的卑鄙手段甚至让他自己也觉得难为情",在提到牛顿时,莱布尼茨这样写道。

牛顿不久就写下了他对莱布尼茨这封信的"意见",从中我们可以看出牛顿有多么愤怒。"莱布尼茨先生指责他们(英国皇家学会指派的委员会)没有收录所有的信件(包括那些与此事无关的信)。这就好比规定人们写文章时不能只引用一本书的片段,必须引用整本书。莱布尼茨先生由此认为学会《报告》的篇幅应该更长。但等到他打算进行回应时,他又抱怨《报告》太长,他不可能写出同等篇幅的回复。"

所有人都在猜测这场争论究竟会有怎样的结果。但莱布尼茨和牛顿通信并没有持续多久。莱布尼茨不再纠缠于任何关于微积分的话题,开始转而攻击牛顿的世界观,即牛顿对重力的理解。毫无疑问,莱布尼茨确定他的对手在这一议题上存在着致命的弱点,因为牛顿宣传的万有引力(超距作用)的观点是难以把握和无法证实的。和他同时代的其他许多人一样,莱布尼茨很难接受牛顿的这一理论。

莱布尼茨曾在给伯努利的信中写道:“尽管牛顿夸夸其谈,但他不可能通过自己的实验证明物质在任何地方都是有重量的,或者任何事物的不同部分之间都存在着吸引力,或者存在着真空。”

莱布尼茨显然想将更多哲学议题引入到这场争论当中。毕竟,他是当时欧洲最卓越的哲学家之一,这也是他认为自己优于牛顿的一点。莱布尼茨这样描述自己的优势。“他的哲学观在我看来相当奇怪,” 莱布尼茨在给孔蒂神父的信中这样评论牛顿,“我认为他的哲学理论是站不住脚的。”

莱布尼茨并不是突发奇想才反对牛顿的万有引力定律。他或许真的认为牛顿是错误的,他坚信自己能利用这种毫无根据的自然哲学给牛顿以沉重的打击。

牛顿认为宇宙中所有的物质都服从于引力法则,他所描绘的宇宙我们今天称之为牛顿的宇宙,牛顿相信这一宇宙是真实存在的。牛顿很早就创立了万有引力定律,并用这一理论解释了潮汐以及行星围绕太阳的运动等一系列自然现象。他并没有详细解释什么是重力,而是更多地描述了重力是如何工作的——这种做法得到了读者的认同。

对牛顿而言,理解引力最好的途径莫过于他所创立的描绘引力的方程。自然界中任何两个物体都是相互吸引的,引力的大小与两物体的质量的乘积成正比,与两物体间距离的平方成反比。牛顿认为,引力是一种可以穿越宇宙空间的力。

英吉利海峡的另一边,牛顿的引力理论使莱布尼茨陷入矛盾的情绪中。从根本上说,莱布尼茨是一个理性主义者。他愿意接受牛顿的引力与两物体的质量的乘积成正比,与两物体间距离的平方成反比的数学公式,但纯粹的数学公式仍无法说服他。对莱布尼茨而言,一种正确的理论还必须是符合理性的。

在莱布尼茨看来,人类科学的一条最基本原则是科学原理必须有充足的理由:任何事情发生都有其充足的理由。他曾写道:“理性的基本原则是,没有什么事物的存在是没有原因的。”他还说:“万事皆有缘由(there is nothing without a reason)——这条原则是人类历史上最伟大和最富有成效的知识,大部分哲学、物理以及伦理学知识都是建立在这一原则之上的。”

莱布尼茨不喜欢牛顿的万有引力理论,或许是因为他认为自然界中不可能有所谓超距作用。按照这一理论,即使相隔数百万英里,引力依然能发挥作用。莱布尼茨直接将超距作用斥为荒谬的理论。他用冷淡的语气说:“我认为,只有用永恒的奇迹才能解释超距作用宣称的效果。”

在万有引力定律出现之前,曾经流行一时的观点是,行星被一个大漩涡裹挟着围绕太阳运转。莱布尼茨是这一观点的坚定支持者,因为它比某种人们称之为“引力”的奇迹一般的神秘力量更符合人们的常识。

莱布尼茨认为,行星运动的原因只是物质间的相互作用,也就是说,围绕着行星的物质推动着构成行星的物质。莱布尼茨注意到所有的行星都和太阳处于同一平面上,他由此推论它们都在一个巨大的涡流物质中旋转。这种运动就像是由数以亿计的水分子裹挟着的一片树叶在溪流中运动。没有水流,树叶不可能流到下游,同样的道理,如果没有他所设想的涡流物质,行星将不受任何阻碍地飞向各个方向。

在莱布尼茨看来,涡流理论很有说服力,因此他还用这一理论解释其他现象,例如地球的形状为什么是圆的。莱布尼茨给出了非常有说服力的解释:"如果一个物体被另一种更活跃、流动性更强的物质所包围,这个较不活跃和流动性较弱的物体将阻碍流动性更强的物质进入到它的内部,在来自外部的'压力浪潮'的不断挤压下,中间的物体将会越来越硬,它的各个部分也会结合得越来越紧密。如果这个物体的外表是球形,它所经受的流体的冲击将会较小,因为球体的表面积最小。而且它的内部运动和外部动作的模式大致相同(尽管有多种模式)也有助于它最终形成球体。"

当然,莱布尼茨试图改变议题的尝试有可能让牛顿感到恼怒。牛顿不愿和莱布尼茨就自然哲学的议题进行广泛的讨论。这一次,牛顿的另一个代理人接受了莱布尼茨的挑战。

1715 年 11 月,莱布尼茨给威尔士王妃卡罗琳写了几封信,在信中他批评了牛顿的自然哲学观点。卡罗琳是乔治·路德维希(他当时已是英国国王了)的儿媳,也是莱布尼茨的朋友,也是他的支持者。卡罗琳将这些信件交给了一个叫作塞缪尔·克拉克的人,此人当时正在和莱布尼茨就牛顿的理论是否正确展开争论。克拉克是为国王服务的牧师。1706年牛顿付给他一大笔钱,让他将《光学》翻译成拉丁文。十年之后,卡罗琳公主让他将莱布尼茨的《神正论》翻译成英文。克拉克没有答应公主的请求,但他的确对莱布尼茨的著作进行了回应。

莱布尼茨在他写给卡罗琳的一封信里说,牛顿的荒谬之处在于,他需要借助上帝解释自然现象,而且他的宇宙要依靠上帝才能运转。在莱布尼茨看来,牛顿的宇宙就像一只需要经常修理的做工拙劣的时钟。莱布尼茨反对上帝的"介入",因为他信奉宇宙统一的理性和道德。莱布尼茨认为在科学领域中上帝的决定是最不重要的,他认为上帝的决定和人所作出的理性、道德的决定所遵循的原则是一致的。克拉克对莱布尼茨的观点进行了强烈批驳,由此引发了哲学史上最著名的一次通信,人们称之为"克拉克—莱布尼茨通信"。虽然两人的通信的时间不长,但这些信件在哲学史上却有着十分重要的地位。随后在1717年,两人的通信就出版了,直到今天,这一通信集还有新的版本面市。

不过,莱布尼茨最终还是没能将这场争论引入到形而上学或哲学领域中来。牛顿始终不肯"就范",对于他提出的物质的议题置之不理。在当时而言,莱布尼茨在这一议题上攻击牛顿或许是一个聪明的选择,但在今天看来,没有比这更糟的了,他对牛顿万有引力理论的攻击反而凸显了他自己观点的错误。

尽管莱布尼茨认为自己在哲学领域占有优势,但牛顿的引力理论的确是正确的。莱布尼茨提出的反对牛顿的理由在今天看来已经有些可笑了。不管莱布尼茨有多么出色,但他在引力问题上确实犯了严重的错误。18 世纪初期,这两位伟大的学者先后去世,此后人们逐渐倾向于认可牛顿的理论。科学家和数学家开始对引力有了越来越深入的了解。虽然 18 世纪中后期还有人支持莱布尼茨的漩涡理论,但这种理论注定要被扔进科学的"垃圾箱"。

随着引力理论逐渐得到人们的认可,支持牛顿的作家越来越多,其中最著名的或许就是伏尔泰。伏尔泰认为旋涡理论是可笑的,对牛顿的引力理论则大加赞赏。"艾萨克·牛顿爵士似乎已经摧毁了所有这些大大小小的漩涡,"伏尔泰写道,"某一物体所具有的引力与该物体的质量成正比,艾萨克爵士已经通过实验证实了这一点。"莱布尼茨和牛顿去世多年以后,人们逐渐形成了这样的看法:牛顿的引力理论是正确的,那么,他关于微积分起源的说法应该也是正确的。为了证明自己的观点,莱布尼茨不幸地决定对牛顿引力理论进行攻击。这一攻击虽然只是整个微积分战役中一次小的遭遇战,但对莱布尼茨而言,其后果却是致命的。

第十二章 谁胜谁负

(1716—1728)

无论是我们的项目取得进展,还是科学取得进步,都无法让我们逃脱死亡。

——莱布尼茨,1696 年写给托马斯·伯内特

莱布尼茨逝世之前,他与牛顿的争斗达到了白热化。由于莱布尼茨的"雇主"是英格兰国王,这场争斗本可能染上浓重的政治色彩。但如果你因此认为乔治一世站在莱布尼茨一边,那就大错特错了。众所周知,牛顿是一个辉格党人,辉格党通常是忠于汉诺威王朝的。(汉诺威王朝于 1692—1866 年间统治德国汉诺威地区,在 1714—1901 年间统治英国。乔治一世是该王朝第一任英国国王。——译者注)乔治一世对牛顿并无恶感,他不会为了帮助莱布尼茨而反对牛顿。

事实上,乔治一世似乎对关于微积分的争论采取了一种"置

身事外”的超然态度。并不是因为他对这一问题不感兴趣，而是因为争论的双方都是他所看重的，他不愿表示出对于任何一方的偏向——无论谁对谁错。他曾经说过这样的话：“我很高兴能同时拥有两个王国，尤其是想到这两个王国中分别出现了莱布尼茨和牛顿这样了不起的人物。”

此外，乔治一世与莱布尼茨之间还有一层奇特的关系。莱布尼茨负责撰写乔治一世的家族史，但进度显然是有些拖延，乔治一世一直敦促莱布尼茨尽快完成这份工作。莱布尼茨生命中最后的日子是在汉诺威度过的，而这段时间乔治和他的大臣们则一直待在英格兰。也许这说明乔治疏远了莱布尼茨，至少是不那么支持他了。发生在 1711 年的一件事或许更能说明他们之间的关系。这一年莱布尼茨不慎摔伤了。他已是一位体弱多病、身有残疾的老人。据说乔治并没有表现出特别的关心，甚至把这件事当成一个笑话。显然乔治对一个长期为其家族服务的老人缺乏应有的同情心。

这次受伤只不过是莱布尼茨在生命的最后几年里所要承受的一长串伤痛之一。莱布尼茨患有痛风症，这是一种给人带来巨大痛苦的关节炎症，会引起关节发炎和锥刺般的疼痛，这种痛苦往往要好几天才能减缓。在莱布尼茨生命的最后关头，他的痛风症愈加严重了。莱布尼茨于 1715 年写道：“我的脚经常疼得难以忍受，手有时也会胀痛。但感谢上帝，我的头部和胃仍然是健康的。”

到后来，或许是缺乏运动的缘故，莱布尼茨的右腿上长了可怕的脓肿,这使他无法正常行走。不过,莱布尼茨从未屈从于疾病。为了对付痛风,他让自己平躺在床上,用木头钳子紧夹发炎的关节。不幸的是,这种做法明显对他的神经造成了严重的损害,最后不得不长期卧床,几乎丧失了行走能力。

1716年11月13日是一个星期五,莱布尼茨卧床八天后,终于同意接受一位名叫塞普的医生的治疗。史料记载为我们留下一幅有趣的画面:塞普医生发现自己遇到的病人是一部“活的百科全书”,对艺术和医学应用都有深入的了解。这位病人不顾自己脉搏衰弱、病痛缠身,仍和前来看诊的医生大谈炼金术和历史。莱布尼茨的额头冒着冷汗,身体无法抑制地抖动着,周围放满了书籍和笔记。虽然还想工作,但此时他已经连笔都拿不起来了。

医生对莱布尼茨病情的预测是悲观的:他不可能再康复了。医生开了一些药,莱布尼茨勉强撑过了第二天。1716年11月14日,这位闻名于世的莱比锡之子在他长期居住的汉诺威的寓所与世长辞了。

莱布尼茨并没有为自己的后事做过多的安排,棺木要临时购置。他的秘书艾克哈特订购了一副装饰华丽的棺椁,上面有贺拉斯的诗句以及数学与重生的符号。几天之后,莱布尼茨的遗体被转移到纽斯塔德特教堂,并在此举行了葬礼。莱布尼茨被安葬在纽斯塔德特教堂之内,在当时这是一种普通人享受不到的殊荣。

莱布尼茨去世以后,他的声望越来越大。在十八世纪,莱布尼茨就公认是一位非常重要的学者。1780 年,人们为了纪念他而专门建立了一座纪念牌。这是另一项不是贵族的人难以享有的殊荣。莱布尼茨的纪念牌被设计成一个圆形神庙的形状,神庙的中间树立着他的白色大理石半身雕像,上面刻着他的名字“奥萨·莱布尼茨”。另一件事也可以反映出他在人们心目中的地位。多年以后,当人们翻修纽斯塔德特教堂时,教堂内其他人的遗骸都被搬迁到了别处,唯有莱布尼茨的遗骨被保留了下来,重新葬在了翻新的教堂之内。

尽管如此,许多历史学家都注意到了莱布尼茨有些寒酸的葬礼。约翰·克尔,他是克斯兰德人,在莱布尼茨去世的那天正好来到莱布尼茨居住的小镇。他惊奇地发现当地人对莱布尼茨并未给予足够的重视。他这样记述莱布尼茨的葬礼:“显然,人们更像是为一位寻常的小偷,而不是为一位给他们的祖国带来巨大荣耀的人举办葬礼。”

当时,乔治一世及其大部分朝臣都待在伦敦。国王是在王宫附近狩猎时听到莱布尼茨去世的消息的。历史记载,尽管整个宫廷都被邀请出席莱布尼茨的葬礼,但宫廷中最尊贵的人物,乔治一世本人,却没有到场。

由于莱布尼茨在欧洲享有的巨大声望,他去世之后,人们发表了多个讣告。《学者》杂志于 1717 年详细介绍了莱布尼茨的死讯和葬礼。1718 年海牙的一份刊物登载了以“纪念历史性的莱布尼茨”为题的文章。1717 年法国科学院在巴黎召开了大会,在会上科学院秘书长亲自诵读了致莱布尼茨的悼词。

莱布尼茨虽然是英国皇家学会的会员，但皇家学会并没有特别关注莱布尼茨的逝世。一个更大的侮辱是柏林科学学会没有任何纪念活动。要知道，莱布尼茨是柏林科学学会的创始人和首任主席。

莱布尼茨去世后不久，孔蒂神父写信给牛顿通知这一讯息。"莱布尼茨先生去世了，"孔蒂在信中写道，"你们之间的争论终于可以结束了。"但对于牛顿而言，这场争论并没有结束。

当牛顿得知莱布尼茨的死讯后，他再次出版了拉夫逊的著作，并在重版著作中插入了自己对莱布尼茨来信的回应。甚至在莱布尼茨死后，牛顿对自己主要竞争对手的恶感也没有随着时间的流逝而减弱。莱布尼茨过世两年之后，牛顿写了一篇长文，文章的主旨是以得意口吻夸耀，在自己有力的诘问下，莱布尼茨是如何变得理屈词穷的。莱布尼茨去世许多年后，牛顿仍在写针对他的挖苦信件和文章。当然，这类信件都是牛顿的私人物品，直到他去世十年之后才被人发现。

牛顿去世之后，他私藏的信件揭示了整个事件（他和莱布尼茨的争论）让他觉得有多么委屈，他认为自己遭受了莱布尼茨不公正的对待。牛顿坚称，莱布尼茨一直到死都是一个强盗和攻击者，而他自己，牛顿，才是学术抄袭的受害者和正当防卫者。牛顿坚持认为，任何事情都只能有一个真正的发明人——即使有人在一定程度上改进了该发明。

在宣扬自己的伟大和打击对手上，牛顿和他的追随者们干得相当出色。众所周知，牛顿最著名的支持者是法国思想家伏尔泰。伏尔泰在英国生活过几年，回国之后，他写了大量盛赞牛顿及其理论的文章，他是第一个在法国大规模宣传英国人观点的人。而伏尔泰对待莱布尼茨及其学说则持严厉的批评态度，即使在这位“前辈”去世多年以后。伏尔泰在他的小说《老实人》中对莱布尼茨极尽讽刺和嘲笑，将后者称作愚蠢的潘格洛斯博士。即使面临死亡，潘格洛斯博士也声称这是“所有可能世界中最好的世界”。伏尔泰无疑过分简化了莱布尼茨观点。

莱布尼茨建立了一种理论，认为想要完全排除这个世界的邪恶是不可能的，但由于可以将邪恶降低到最小的程度，人们的确是生活在可能存在的最好的世界中。莱布尼茨并没有说“所有可能世界中最好的世界”在任何方面都是完美无缺的。他本人经历了太多的战争和痛苦，因此不会轻易否定一切事物。他的本意是，在无限多可能的世界中，我们生活的世界是最好的世界。在莱布尼茨看来，这个世界的痛苦和恐惧是一种仍然和谐的更高秩序的一部分。不仅如此，他认为由于造物主是完美的，为了有所区别，造物主所创造的世界一定是不完美的。

虽然莱布尼茨的理论遭受了伏尔泰的嘲讽，但伯特兰·罗素却持有相反的观点。罗素认为莱布尼茨构建了一个完整、合乎逻辑的理论体系，并就其理论专门写过一篇详尽的分析文章。然而，在莱布尼茨死后，无论他受到罗素怎样的推崇，也无论“所有可能世界中最好的世界”这一观点有多么朴素典雅，莱布尼茨的思想给人们留下的永远是好莱坞式简单直接的印象。自18世纪起，“所有可能世界中最好的世界”这句话几乎成为莱布尼茨的反对者用来否定他的最常用的武器。莱布尼茨给人造成的印象是他过于乐观了,这种印象直到今天仍会对他本人及其学说产生不利的影响。用一名历史学家讽刺的话来说,莱布尼茨是所有可能的世界中"最出色的学者"。

伏尔泰的嘲讽并不是莱布尼茨遭受的唯一打击。因为与牛顿的争论以及反对约翰·洛克(这两人都是英国的国家英雄),莱布尼茨在去世之后整整一个世纪都为英国人所憎恶。

牛顿在与莱布尼茨的微积分战争中坚持到了最后,他比后者多活了十年。牛顿在暮年时,已经成了一位在国际上享有巨大声誉的著名科学家。在牛顿最后的岁月里,他常常要接待来自国内外众多的学者、名流、巨富。牛顿是人们心目中的英雄,来访者把与这位有史以来最伟大的思想家的会面视作他们一生的荣耀。一些拜访过他的学者回到了欧洲,在那里他们继续支持牛顿的学说。

在牛顿人生的最后十年,《光学》和《原理》为他赢得了越来越大的声誉。牛顿亲自监督了新版本的出版。十八世纪二十年代,整个欧洲大陆开始广泛地翻译牛顿的著作,并给予这些著作极高的评价。尽管十七世纪英国和荷兰之间不止一次爆发过战争,但牛顿的著作却首先在荷兰受到推崇。荷兰的奥兰治亲王威廉登上英国王位,极大缓和了两国间的关系。

赫尔曼·布尔哈夫是一名荷兰医生,毕业于莱顿大学。他是牛顿学说的坚定支持者和热心传播者。布尔哈夫将牛顿称作"哲学家中的王子"。牛顿另一个狂热的支持者是威廉·雅各布·格雷夫山德,他为牛顿理论在荷兰传播做了大量工作,被人称作“了不起的宣传员格雷夫山德”。格雷夫山德也就读于莱顿大学,这在很大程度上要感谢牛顿,是牛顿在1717年帮他获得了在这所学校就读的机会。

尽管牛顿的《光学》对笛卡尔的光学理论构成了重大威胁,法国与英国爆发过多次战争,长期敌对,牛顿仍然越来越受到法国科学界的重视。牛顿与法国反对者之间的紧张关系在1715年得到了缓解。由于当年发生的日食只能在英国看到,一批杰出的法国学者从巴黎来到了伦敦。牛顿对法国客人的到来表示热情的欢迎,并安排他们参观了自己的光学实验。此后牛顿还帮助其中大部分人成功地当选为皇家学会会员。参访团中一位成员,为了表示他对牛顿衷心的感谢,回国后给牛顿寄去了五十瓶上等的法国香槟。

牛顿曾提出这样一种理论,地球不是一个完美的球体,而是一个两极略扁的椭圆球体。当牛顿的这一理论最终得到证实后,法国科学界对他的态度逐渐友好起来。1736年,皮埃尔-路易·莫罗·德·莫佩尔蒂在位于北极圈内的芬兰拉普兰德测量了子午线弧度。莫佩尔蒂精准的测量证实了牛顿理论的正确性,此后他成为牛顿在法国最坚定的支持者之一。人们甚至将他称为艾萨克·莫佩尔蒂爵士。到1784年,牛顿在法国已经拥有了巨大的声誉。人们甚至举办了好几次为牛顿设计纪念碑的比赛。法国建筑科学院举办过一次设计比赛,声称这次设计是为了“纪念我们这一时代最伟大的天才,设计不应仅仅注重宏伟华丽的风格,还要兼顾逝者所独有的高贵、庄重、朴素的气质”。

如同爱因斯坦是二十世纪天才的代表一样,十八世纪的人们将科学、发现以及其他与天才有关的一切抽象概念都集中到牛顿身上。不仅如此,一直到现代,牛顿仍在人们心目中享有崇高的地位。牛顿的形象广泛地出现在整个十八世纪的绘画、雕塑和艺术形式之中。建于 1755 年 7 月 4 日,如今位于剑桥大学校园内的牛顿雕像或许是他的众多雕像中最有名的一座了。牛顿被置于一个基座之上,身着宽松的长袍,手持棱镜,仰头上望。

当时的欧洲富人常常会定制牛顿的半身像,并将半身像置于壁炉或其他显眼地方用以展示。不仅如此,人们还经常将牛顿的头像放在自己肖像旁边作为背景。本杰明·富兰克林就有一幅这样的肖像画。

人们不仅仅是通过艺术,还在文学作品中对牛顿加以称颂。有人认为约瑟夫－路易·拉格朗日是十八世纪最伟大的数学家,拉格朗日认为,与其做出的成就相比,牛顿是人类有史以来最伟大也最幸运的学者。詹姆斯·汤姆森写了一首《致艾萨克爵士的诗歌》,在这首诗中他将牛顿描绘成洞悉一切的圣人。诗中有这样的句子:“牛顿伟大的灵魂离开了我们生活的星球/与繁星和神灵并列于苍穹之中/人们用沉默表达对他的敬意/光荣归于这个伟大的名字。”伏尔泰说得更加简单:“牛顿是有史以来最伟大的人。”

到了二十世纪,人们仍在不断地称赞牛顿。1943 年 2 月,三一学院所有的教师、研究员、学者联合向在耶路撒冷举办的纪念牛顿300年诞辰的会议发去了一封函件，声称“向牛顿致敬就是向科学精神致敬”。几年前，美国《时代》周刊将牛顿评为整个十七世纪的“世纪人物”。1999年9月12日，《星期日时报》（伦敦）将牛顿评为“千年人物”，在这一人物的评选中，牛顿击败的对手包括达尔文、爱因斯坦这样的科学家，以及其他众多政治家、诗人和爱国人士。

牛顿去世时，他的财产价值高达3.2万英镑，他将这笔财产留给了与他关系最近的亲人，他的侄子和侄女们。然而，比这笔巨大的有形资产更珍贵的是他的名声。牛顿在去世前已经成为一个受到各界名流追捧崇拜的活的传奇。在他离世的1727年，他的声望已经到达了最顶峰，他唯一没有体验过的事情或许就是死亡了。

1727年2月底，牛顿到伦敦最后一次主持皇家学会会议，这次会议之后，死亡很快就降临了。牛顿看上去很健康，他自己显然也觉得身体状况良好。他告诉自己的侄女婿康杜伊特，他每天要睡九个小时。

然而，到了3月3日星期五，牛顿突然感到身体不适，不得不回家休息。不幸的是，一直到一个星期之后他才接受医生的治疗。3月11日，康杜伊特听说了牛顿生病的消息，派人请来了米德医生和切斯尔顿医生。两位医生在牛顿的膀胱中发现了结石，这些结石使牛顿在其生命最后的几天遭受了巨大的痛苦。尽管遭受着剧烈的疼痛，牛顿仍然保持乐观的情绪。疼痛让他满头大汗，他仍与来访者谈笑风生。在接下来的一个星期里，牛顿的病情似乎略有好转，到3月18日星期六，他已经能够自己读报纸了。此时牛顿康复的可能性似乎越来越大。

但在当天晚上，牛顿失去了知觉，到了第二天，情况越来越糟。他的病情开始逐渐恶化，在与病魔进行了多个小时的斗争后，到1727年3月20日凌晨1点，牛顿终于与世长辞了。

牛顿的去世成为英国报纸的头条消息。一份刊物称牛顿是“最伟大的哲学家和整个英国的荣耀”。与莱布尼茨相比，牛顿的葬礼要风光得多，可说是那个时代的一件盛事。在许多人心目中，牛顿具有传奇色彩，因此必须举办一场配得上他声誉的葬礼。1726年3月28日，牛顿被葬在了威斯敏斯特教堂的中殿。英格兰的国王和皇后也将此处选作他们加冕和死后安葬的地方。和牛顿葬于一处的是英国几个世纪以来的社会精英——最伟大的建筑师、科学家、诗人、将军、神学家和政治家。他们包括：德莱顿、乔叟、查理·达尔文、亨利八世、塞西尔·罗兹和苏格兰的玛丽女王。

为牛顿扶柩的是：英格兰大法官蒙特罗斯公爵、罗克斯伯格公爵、彭布罗克伯爵、苏塞克斯伯爵，以及麦克尔斯菲尔德伯爵。在送葬的行程中，不时有成群的群众大声合唱，以表达他们的敬意。葬礼的弥撒是由大主教本人亲自主持的。

今天，人们仍可以在威斯敏斯特教堂中殿牛顿安葬地点的上方，看到一块作为标志物的黑色石碑，上面刻着拉丁文的铭文，意为“艾萨克·牛顿的遗体”。牛顿两侧的邻居分别是英国最伟大的物理学家迈克尔·法拉第和詹姆斯·克拉克·麦克斯韦。

人们很快就在威斯敏斯特教堂为牛顿树立了造价昂贵的纪念碑。威斯敏斯特的院长特意将牛顿安置在教堂中殿一处醒目地点。法蒂奥协助康杜伊特完成了纪念碑以及铭文的设计,这座纪念碑于1731年落成。这座纪念碑称得上是一件了不起的杰作,一个与真人般大小的牛顿雕像正躺在他的代表作品上休息。这些作品包括他的物理学和光学的名著,以及现在几乎被人忘记的关于神学以及古代英国编年史的著作。

牛顿的左边是几个正在查看太阳系星座表的可爱的小天使。牛顿的头顶有一个圆球,圆球上坐着一个伤心哭泣的女人,她的名字是“天文学女士”,代表了科学的皇后。牛顿的下方摆放着一具大理石石棺,石棺的表面刻有以儿童或小天使为主题的生动浮雕。这些小天使手中挥舞着为牛顿赢得声誉的各种科学实验工具,包括:一个反射望远镜、一个棱镜、一只坩埚、一杆为行星称重的杆秤,以及一枚新铸的钱币。一个天使将液体从一个小瓶倒进另一个小瓶;另两个天使手持着一卷展开的太阳系星座表。在他们头顶上是一个收敛级数。

牛顿墓志铭的原文是拉丁文,翻译后的内容如下:

> 这里长眠着艾萨克·牛顿爵士。
> 他拥有非凡的精神力量。
> 因为他杰出的贡献,
> 人们才得以首次了解行星的运行和方位,

彗星的轨迹以及海洋潮汐的规律。

他认真研究了不同光线的折射率以及它们的特性。

他是自然、历史、圣经的勤勉、睿智、忠实的阐释者。

他坚信上帝的无上权威，

他用行为告诉人们真理是朴素的。

他是全体人类的荣耀和财富，

让我们为自己拥有如此伟大的天才而欢呼吧。

生于 1642 年 12 月 25 日 卒于 1727 年 3 月 20 日

牛顿在 83 岁的时候，也就是在去世之前两年，让人为自己画过一幅肖像。画像中的艾萨克·牛顿显得很年轻，身着长袍，坐在桌子前，一本刚印制的《原理》摊开放在腿上。这幅画像囊括了历史上最伟大的数学家和他最伟大的作品，给人留下震撼的效果。牛顿的杰作《原理》被公认为与达尔文的《物种起源》具有同等重要性，是人类历史上最著名，最有影响力的经典科学著作之一。《原理》的原文是拉丁文，直到今天，这本著作还有新的翻译版本面市。我在剑桥大学的雷恩图书馆找到了第三版的《原理》，它的精美给我留下了深刻印象。书的封皮是牛顿 1725 年的肖像。相比之前的版本，第三版《原理》收录了更多的数据表格。这一版还增加了“致谢”的一页，在这一页中，我们可以看到牛顿的名字和他对当时统治英国的汉诺威王朝的第二任国王乔治二世的致谢词。

牛顿撰写了大量学术著作,他在物理学和光学的贡献为科学研究开辟了新的世界,牛顿本人创建的数学框架促进了上述学科的发展。牛顿把数学当作一种可以精确地描述物理现象的工具。这是现代科学普遍采取的做法,但在牛顿的时代却是前所未闻的。今天学习物理的学生可能永远不会阅读《原理》,但无论他们是否知道它的存在,这本书都对他们的学习有着无法忽略的影响。今天任何在大学中学习物理的学生都需要掌握经典力学,也就是牛顿力学。

然而第三版的《原理》中缺少了一些内容。第三版的《原理》没有一处提到过莱布尼茨这个名字。在十七世纪八十年代该书的第一版中,牛顿承认莱布尼茨发明的微积分有其独立的形式,两人的区别仅在于,他们使用了不同的符号和术语来描绘这一新的数学分支。但在 1713 年的第二版,以及 1724 年的再版中,牛顿删去了有关莱布尼茨的所有内容。

德国汉诺威的莱布尼茨博物馆中有一幅他的肖像,这幅肖像画比牛顿画像完成的时间要早。画中的莱布尼茨神情凝重,微微地皱着眉。莱布尼茨有一个大脑袋,脸的中央是一个圆形的蒜头鼻,还有一个肉乎乎的双下巴,他黑色卷曲的假发也比普通人大一号。他的一条眉毛微微扬起,似乎是被什么事逗乐了,又好像是在生气。

莱布尼茨去世时,留下了许多尚未完成的工作。例如乔治一世的家族史就是他逝世后其他人帮他写完的。这部书最后终于出版并不是因为人们对英王的家族史有多么强烈的兴趣，而是因为人们想看到莱布尼茨完整的著作。莱布尼茨的其他许多设计、思想以及梦想都永远无法实现了。总之，他在自己身后留下了一大批没有完成的项目：没有成功的采矿风车、功能先进的手表、能够归纳人类思想的字母表、从没超越理论阶段的新式机械发动机，以及为了应付当时欧洲糟糕的路况而设计的快速车辆。

尽管莱布尼茨有许多工作没有完成，但使他遭遇最大挫折的却是他已经完成，也是最成功的发明之一——微积分。如果他在另一个年代里完成了同样的事情，他的名声一定会超过所有人，成为那个年代最伟大的数学家和科学家。

通过自己的努力，莱布尼茨从一个数学的初学者很快变成了这一领域的专家。在创立二进制数学以及推进其应用方面，他所做的贡献是革命性的。莱布尼茨创建了线性代数的标准工具行列式，更不用提他在发明和传播微积分上所做的革命性贡献了。事实上，他有可能是人类有史以来最伟大的思想家之一。他曾向人夸耀自己能背诵全篇的维吉尔的《埃涅阿斯纪》（如果维吉尔自己能做到这一点，也是一个奇迹）。他还是一名称职的律师和有很高专业水平的顾问。他是那个时代最重要的哲学家之一、现代地质学之父，是生物学、医学、神学以及统计学方面的专家。他和当时许多著名的科学家、外交官、国王、皇后、高级神职人员、医生都有通信往来。他与同时代几乎所有能想到的领域的数百位著名人士终生保持着联系。

尽管从未去过中国，但莱布尼茨对于中国的了解不输于同时代任何欧洲的汉学家。从这个国家的历史、科技到文化、宗教,甚至是它的植物和动物,莱布尼茨都有相当深入的了解。他所有关于中国的知识是通过书籍以及和当时在中国的耶稣会传教士的通信获得的。

他不仅对许多不同的知识感兴趣,还通过自己的研究和工作促进这些领域知识的发展。他因此被人们视作天才,一个博学的,百科全书式的全才。

1700 年,莱布尼茨被普遍认为是微积分的唯一创立者,赢得了当时大多数数学家的尊重。但就在此时,他犯下一个严重的错误。他低估了牛顿阵营对他造成的威胁。莱布尼茨认为他没有从牛顿那里借鉴任何东西,微积分是由他独立创立的,而且牛顿本人也承认这一事实。但在莱布尼茨去世后的许多年里,人们相信微积分是牛顿首先创立的。不仅如此,许多人都相信基尔的说法,即莱布尼茨在创立微积分时使用了牛顿的一部分理论成果。

莱布尼茨和牛顿的微积分战争无论是对他的生活,还是对死后人们的评价,都产生了无法忽略的影响。尽管有许多重要的数学家仍然对他表示支持,但莱布尼茨去世之后,他的声望和影响逐渐变小了。莱布尼茨没能成功地说服公众,让他们相信,他才是微积分不容置疑的创立者,即莱布尼茨在牛顿之前提出了微积分理论。

莱布尼茨输掉了他与牛顿的微积分战争吗?

从某种意义上说,他的确输了。

第十三章　尾　声

1737年,牛顿逝世几年之后,他的研究著作《流数法》才得以出版。该书具体阐释了微积分的算法。人们之所以要出版它,是为了向死去的英雄表达敬意。该书前言的措辞,清楚地表明牛顿已经受到人们何种程度的尊崇。前言的内容如下:

> 这篇论文阐述了流数的主要原则,它是艾萨克·牛顿爵士的遗作,是一篇用英语写成的真正杰作。我们不需要再向公众做任何其他推荐了,因为牛顿这个伟大和令人尊敬的名字已经说明一切问题了。

牛顿的表述有时很费解。一个明显的例子是这本书第六十页的一句话,他是这么表述的:“当一个量最大或最小时,它既不是向后也不是向前流动的;如果它向前流动或增加,它就会减少,也就是说,立刻比原来变得更大;相反的,如果他向后流动或减少,它就会变大,也就是说,立刻比原来变得更小。为此我们可以通过(牛顿的方式)发现这个量的流数,并假设它为无。”今天,一句非常简单的话就能表达同样的意思了:将导数设为零并对其求解。

莱布尼茨创立的微积分符号要远远优于牛顿的符号。1675年,身在巴黎的莱布尼茨第一次在笔记本上记下了自己设计的微积分符号。莱布尼茨曾预测,他设计的微积分符号会极大地推动这门学科的发展。预言已经成了现实,世界各地的微积分教材仍在使用莱布尼茨设计的微积分符号。

从这个意义上说,牛顿在英国被推举到无以复加的地位并不总是一件好事。在牛顿巨大的声誉和耀眼的光环下,人们常常忽略了一个事实,即十八世纪的英国还有许多其他杰出的数学家和科学家。具有讽刺意味的是,莱布尼茨在英国遭受了不公正的待遇,反过来,英国也因为没有公正评价莱布尼茨的成就而蒙受了损失。在牛顿与莱布尼茨关于微积分的争论之后,英国的数学家被禁止使用莱布尼茨创立的微积分符号,而这种符号在世界上其他地方得以广泛应用。直到十九世纪初,英国才最终打破禁忌,接受莱布尼茨的微积分符号。

一直到十九世纪中叶,才有一些学者开始重新认识莱布尼茨,承认他对微积分的创立所做出的重要贡献。虽然莱布尼茨不再被视作微积分唯一的创立者,但那时的历史学家至少明确了若干事实,正是这些事实使得莱布尼茨在今天被普遍认为是微积分的共同创立者。1846 年重新编写的莱布尼茨传记做了这样的学术总结：

> 关于微积分的创立问题，现今大多数学者已经在以下几点达成了共识：1. 流数系统与微积分系统只是使用的符号不同，在内容上基本是相同的。2. 牛顿在 1665 年就创立了流数理论，比莱布尼茨发表微积分论文要早十九年，比他和牛顿通信讨论微积分要早十一年。3. 莱布尼茨和牛顿各自独立地发展了他们的理论，牛顿对于微积分的研究虽然早于莱布尼茨，但莱布尼茨却是微积分真正的创立者……莱布尼茨的微积分与牛顿的流数体系在原理上是相同的，他是否真的独立地创建了微积分成了唯一的疑点，莱布尼茨的声望也因此受到影响。但今天人们已经普遍认为，莱布尼茨独立地发展微积分这一事实是无可争辩的。

尽管该书的作者乐观地认为争议已经结束了，但实际上，当时的一些学者仍持有异议，仍然认同牛顿的观点，即第一个提出微积分概念并撰写相关文章的人，是牛顿，牛顿才是微积分唯一的创立者。毕竟，在莱布尼茨发表微积分著作之前二十年，牛顿就发明了微积分。对于牛顿和他的支持者来说，微积分的发明和它随后的传播是不能分割的完整过程。

但另一些人将莱布尼茨视作微积分真正的创立者，因为他创立的方法和符号经过改进后，至今仍在为人们使用。莱布尼茨独立地创立了微积分理论,他第一个出版了有关微积分的著作。他比牛顿更深入地发展了微积分。他创立的微积分符号远远优于牛顿的符号。他辛勤工作多年,创建了至今仍为人们普遍使用的微积分的数学框架。

从十七世纪开始,许多发明真正的发明者都被人忽略了,人们记住的往往是第二个发明者的名字。即便如此,十八世纪中叶,许多学者开始以更宽容更和解的态度来看待问题。此后一个半世纪中,一些为牛顿和莱布尼茨做传的作家认为他们之间的争论不仅毫无意义,而且浪费时间,因此在其著作中有意忽略了这部分内容。

事实上,早就有人提出过这种看法了。1713 年,当这场微积分战争正在激烈进行之时,一位跟牛顿和莱布尼茨同时代的,名叫瓦里格农的数学家就写信给莱布尼茨表达了这一观点。瓦里格农在信中劝说莱布尼茨,微积分是一门如此博大的学问,足以让他和牛顿分享荣耀。

有另一种观点,即牛顿和莱布尼茨都不应被视作微积分的真正创立者。微积分的创立是在牛顿和莱布尼茨之前所有这一领域做出过贡献的学者,以及牛顿和莱布尼茨之后,像伯努利兄弟这样通过一系列具体应用极大丰富了微积分理论的人,共同努力的结果。微积分是历史和群体创立的,不应该归于某一个人,无论是牛顿还是莱布尼茨。

在我看来,这场微积分战争真正令人感兴趣的地方并不在于牛顿和莱布尼茨谁最终获得了胜利,而是他们在这场斗争中的表现。故事的重点不在于这两人的争吵有多么重要或多么荒谬,而是这种争论本身所蕴含的深刻意义,以及这场争论能在多大程度上还原两位伟大学者的真实形象。

牛顿和莱布尼茨有着完全不同的经历。莱布尼茨当初去巴黎是为了躲避战争,后来他决定留在那里充实自己。莱布尼茨曾为自己缺乏数学知识感到羞愧。他以后在数学,尤其是微积分方面取得的成就已经足以弥补当初的缺憾了。没想到的是,数十年后,暮年的他不得不捍卫自己的发明和荣誉。在生命最后的日子里,莱布尼茨还在努力反击那些声言他是剽窃者的指控和暗示,不过他此时的申辩已经不起作用了。总之,对莱布尼茨而言,这是悲剧性的。

与莱布尼茨相反,牛顿的人生一帆风顺,他是完全的胜利者。牛顿最先想到了微积分的概念,将它随手记录下来,并对几个朋友谈到了此事。但在其后的几年里,他几乎忘记了自己的这项发现,牛顿将精力放在了《原理》一书上。当他写完《原理》后,发现莱布尼茨已经发表了微积分论文,成了微积分的创立者。牛顿一定大受刺激,多年以来,他一直认为自己才是微积分的创立者。牛顿的支持者们甚至印发了许多支持他的宣传小册子,但当时牛顿并没有采取任何行动去争取微积分创立者的荣誉。多年后当他担任了英国皇家学会主席,主持皇家铸币工作,地位日隆,势力更大,崇拜者更多,多年与他纠缠不休的学霸胡克也过世了,牛顿一身轻松,再无牵挂,这才发起进攻,声称自己是微积分真正的创建者。在朋友的帮助下,对莱布尼茨提起了正式的诉讼。最终他打赢了官司。

或许牛顿和莱布尼茨的争论展示了他们身上最糟糕的一面。毕竟,我们正是以牛顿和莱布尼茨这样的伟大学者为原型来构建科学家形象的。在我们心目中,他们都是一些雄心勃勃、独立、勤奋、多产,近乎神的天才。我们很难想象这些神一样伟大的人物会像普通人一样相互攻击和争吵。但事实就是如此,牛顿和莱布尼茨的微积分战争或许能为我们揭示一些更为有趣的东西。

当然,这是一个值得人们警醒的故事,它提醒人们:科学成果的出版有多么重要。这场争论发生时,牛顿和莱布尼茨都处于他们声望的最高点,这场争吵可能会影响到他们的声誉和科学研究。在我看来,微积分战争是科学史上最令人着迷的故事之一,因为这场争论不但涉及科学史上最重大的发现,还向我们展示了一场激烈的智力交锋。微积分战争或许是科学史上唯一的一场同时代最伟大的两位科学家之间旷日持久的斗争。

文献叙要

莱布尼茨和牛顿去世后，都留下了大量的论文、私人藏书、信件。由于这两位伟大学者的重要历史地位，他们人生每一个阶段，从童年时期直到去世，相关文件一直完好地保存至今。

这种精心的保存是十分必要的，牛顿留下的文件尤其重要。牛顿在世时就是英国最杰出的科学家，享有极高的声望，因此牛顿死后，他的遗物立刻就当作国家的重要财产保护起来了。但这些知识遗产反而可能因为牛顿巨大的名气而遭受损失。牛顿去世前曾经仔细检查并整理过自己的文件，他去世后，后人又对这些文件多次进行重新整理，并将它们分别置于不同的地方。

牛顿去世后，这些文件为最讨牛顿喜欢的侄女凯瑟琳·巴顿的丈夫约翰·康杜伊特所有。托马斯·皮勒特博士曾受托检查这些文件，并从中挑选出可以发表的文章。根据皮勒特博士的意见，牛顿留下的文件大都不适于发表。我们今天仍能看到当年检查留下的痕迹,一些文件表面还贴着“不适合出版”字样的小纸条。在牛顿留下的大量文件中,皮勒特博士认为适合发表的仅仅是牛顿有关古王国年表的一篇短篇论文以及一篇名为《世界的体系》的文章。康杜伊特没过多久就出版了《世界的体系》。

这些文件由康杜伊特传给了他和凯瑟琳·巴顿的儿子利明顿勋爵,后来又传到伦敦的桑德森先生手里,最后获得这批文件所有权的是朴茨茅斯家族。朴茨茅斯家族的一个伯爵允许学者查阅这些文件。文件的保存状况并不是很好,一些文件有明显的水渍,一些文件被部分烧毁,还有许多文件没有标注页码,次序混乱。不仅如此,许多文件涉及跨学科的内容。例如,有些神学论文的页边空白上记着数学笔记。最终人们决定将这些文件按照炼金术、化学、数学、年代学、历史、神学等科目分类,全部文件都按上述学科门类重新排序,由此分成不同部分。伯爵将与数学有关的那部分文件捐赠给了剑桥大学,自己保留了神学、古代王国年表以及炼金术的部分。

从十九世纪开始,牛顿的传记作家在收集资料时,多少总能引用一些牛顿的文章和书信,这对写作很有帮助。到了二十世纪,人们想看到这些文件就更加方便了,因为这时已经出版了一套带注释和翻译的七卷版的《牛顿通信集》。这部通信集收录了牛顿生前几乎所有的通信,哪怕只是生活琐事。有封信是这么写的:“先生,我下周五上午 10 点有空,您可以在那时来找我。您最卑微的仆人,牛顿。”通信集中收录的与微积分战争有直接关系的信件对本书的写作起了重要作用,在本书的许多地方我都提到甚至直接引用了这些信件。另一部有参考价值的著作是《亨利·奥登伯格通信集》,该通信集的第 9 卷收录了牛顿早期的几封重要信件。

这里要说明一点,在许多情况下,我按现代英语词汇的拼写方式对信件中的某些词进行了改动。例如,philosophicall、concerne、planetts、centrall,这些词我都改成了现代的标准英语(现代英语中这些词的标准拼写是 philosophical、concern、planets、central。——译者注)。ye 和 wch 这样一些多余的元音和辅音被我换成现代英语的发音方式。例如 favour 这样的英式拼写被我改成了美式拼写(favor)。可以肯定,一些人会对我这样的改动感到不满,但我认为这些改动将使人们不至于因为拼写问题而分心,有助于他们更方便地阅读,在这里我要对《牛顿通信集》的编辑表示"aapologies"(歉意,古英语,现代标准拼写是 apologies。——译者注)。

除了牛顿的七卷通信集之外,我们还可以参阅他的《光学》与《原理》,这两本书直到今天还在重印发行。A. R. 霍尔的《一切都是光》和 I. B. 柯亨的《牛顿数学原理导论》是牛顿这两部杰作很好的导读书,即简明又实用。当然,还参考了牛顿其他许多著作,本书参考书目中列出了其中的一部分。

关于牛顿的各种著作不计其数,有关牛顿及其科学成就的研究似乎是没有止境的。人们甚至收集出版了牛顿小时候学习拉丁语法时使用的词汇,并对这些词进行精神分析。我曾经看过一位著名学者写的分析牛顿思想的专著,这本书分析了牛顿的私人藏书中页角打折的方式，以及这些打折的页角所蕴含的深刻意义。此外，人们还写了许多牛顿的传记，各有特色，这里我可以列举其中的几本。

对我帮助最大的牛顿传记是理查德·韦斯特福尔写的《永不停息》，这是一部非常完整的叙述牛顿生平的传记。弗兰克·E. 曼努埃尔写的《艾萨克·牛顿的肖像》同样是一本有趣的牛顿传记。我还喜欢安德拉德的《艾萨克·牛顿》，这是一本较早的篇幅较短的传记。我认为不错的还有一本描写牛顿在铸币厂时经历的《牛顿在铸币厂》。至于其他更老的牛顿传记，我比较喜欢大卫·布鲁斯特爵士 1855 年的两卷本《回忆艾萨克·牛顿爵士的生活、写作及伟大成就》。《英国皇家学会史》史料丰富，我在自己这本书的第三章用到了其中的若干细节。

牛顿去世之后，他的声望和地位是越来越高，许多传记中都有相关的描述。人们详细叙述了他隆重的葬礼、制造精美的陵墓；为了纪念他涌现大量的诗歌和艺术作品。亚历山大·柯瓦雷的《牛顿主义》是同类作品中最有趣的，柯瓦雷生动描述了牛顿对当时普通公众的世界观造成的巨大影响。柯瓦雷还在他的一篇随笔中清晰地还原了牛顿和莱布尼茨就形而上学问题开展的争论。这篇随笔主要参阅了莱布尼茨与克拉克的通信，这些信件如今都被整理出版了，而且翻译得很好、注释很充分。

A. R. 霍尔的一本名为《牛顿：18 世纪的先知》的著作，使我更深入地了解了牛顿去世时在世界范围内享有的地位，这本书还包含有一些牛顿死后不久出现的有关于他的有趣轶事。霍尔还写了一本名为《1500 年至 1750 年的科学革命》的著作，其中有一章专门介绍牛顿科学成就。另一本对牛顿成就做出类似总结的有用参考书是《让牛顿来吧》，它是由法维尔等编辑的。

18 世纪的许多著作和艺术作品非常直观地展示了牛顿的影响力。至今还在上演的名为《一切都是光》的两幕剧就是一个明显的例子。这出话剧，以及和该剧一起推出的由戏剧作者莫迪凯·费恩高德写的《牛顿时刻》一书给了我很大的帮助，这本书收录了有关微积分战争的许多原始文件，例如牛顿 1676 年写的著名信件。该书还详述了牛顿死后，他的理论是怎样为越来越多的人所接受的。

莱布尼茨去世后同样留下了许多书籍、论文和手写材料。由于莱布尼茨是在汉诺威的宫廷图书馆度过人生最后的岁月，他的著作和论文自然也保存在这里。有趣的是，莱布尼茨留在汉诺威的文件给英国国王乔治一世和他的家族造成了麻烦，因为这些文件中不仅仅包括重要的科学论文，莱布尼茨还写了大量备忘录，有关宫廷争名夺利、钩心斗角、政治阴谋、宫闱秽闻以及宫廷贵族的其他行为。作为新的英国国王，乔治一世担心这些文件一旦公开，会对皇室和家族声誉造成不良影响。一旦乔治一世的政治对手拿到莱布尼茨的文件，很有可能把它们变成反对国王的有力武器，因此莱布尼茨去世后，乔治一世立刻接收了他的所有文件。

英国国王的这种做法引起了一场不大不小的争议，因为莱布尼茨的亲属原本指望继承他的书籍和文件。在那个年代，书籍是贵重的物品；莱布尼茨又是当时著名的学者，他留下的文件的价值也必定相当可观，可以说是一笔丰厚的遗产。莱布尼茨的亲属把英国国王乔治一世告上了法庭，几年、几十年、甚至五十年过去了，审判都没有一个最终的结果。最终，法庭判决王室对莱布尼茨的亲属进行赔偿。主要是赔偿藏书的价值。但判决的拖延也让莱布尼茨留下的文件能够完整地保存在一个地方，而不像牛顿的文件那样分散到各处。

莱布尼茨留下的文件包括大量论文、笔记，特别是信件。据莱布尼茨自己估计，他一年大约要写 300 封信，也就是说他十年写的信达到 3000 封，成年后 50 年写的信超过 15000 封。事实上，有人做过估计，如果一个人坐下来阅读莱布尼茨写的所有东西，假设他每天阅读 8 小时，需要二十多年才能把所有文件读完。当然，这个读者还要懂得拉丁语、德语、法语，以及一些荷兰语和英语。一本十九世纪的莱布尼茨传记曾这样说："的确，莱布尼茨留下的文件就像是一座可供人们不断发掘的永不枯竭的矿藏。"

对习惯了电子邮件和短信的现代人来说，一年寄 300 封信似乎是一件很寻常的事，我们一个星期就可能发送 300 封电子邮件，可你手写试试。还有一个重要的差别是莱布尼茨信中的内容。莱布尼茨的许多信件更像是适合于正式发表，甚至可以在今天重新出版的学术论文和著作。

想要全面分析整理莱布尼茨留下的文件显然不是一件容易

的事。原始的莱布尼茨手稿十分难读,他在一些地方划掉大段的词句,又在一些地方加入新的内容。这些杂乱潦草的频繁改动反映了一个天才头脑的灵感迸发。人们可以在德国汉诺威的莱布尼茨博物馆看到几封原始信件的复件。这些复件非常清晰。莱布尼茨的字体很小,但十分清楚,词与词之间的间距和他的德国口音一样密。按照当时的习惯,他把整个页面都写满了,他有时还以竖行的形式将补充观点写在仅存的一点页边空白上。

或许是因为莱布尼茨留下的众多作品更像一部未完成的百科全书,不像牛顿的《原理》那样能够为大多数人记住,要想对他的观点进行全面的总结多少显得有些困难。尽管两个世纪以来,人们对莱布尼茨的作品进行了详尽的研究,但至今仍没有出版一部包括莱布尼茨所有作品的全集,因此有人认为直到今天我们都缺乏对莱布尼茨的全面了解。

多年以来,许多学者都试图编撰一部完整的莱布尼茨全集。第一个试图这么做的人,是一个多世纪之前一个汉诺威的图书管理员,名叫帕兹。帕兹负责整理莱布尼茨的历史著作,他的同事格罗特芬德负责莱布尼茨的哲学著作,另一个同事格哈特帮助他整理数学部分。格哈特整理出一部七卷的莱布尼茨数学作品集,这部书于十九世纪中叶出版。多年后格哈特又推出一部七卷本的莱布尼茨哲学作品集。其他的莱布尼茨著作集有:克洛普编撰的十一卷的莱布尼茨历史和政治作品集,以及法切尔·德·凯瑞尔编撰的七卷本莱布尼茨作品集,其中收录了莱布尼茨关于历史、政治和宗教方面的文章。

除了这些早期的莱布尼茨作品集,人们一直试图编撰一部大部头的更完整的莱布尼茨全集。德国汉诺威的尼德萨克斯奇图书馆已经进行这项工作很多年了。这座图书馆是一幢混凝土结构的,装有落地窗的现代建筑,我在德国访学期间曾去过。图书馆里集中了来自德国各地的学者,他们收集所有能找到的莱布尼茨的信件、论文和手稿,再把这些文件按法律、政治、神学、历史、语言学、逻辑学、地质学、数学、物理学等不同学科分类,这项工程今天还在继续。

迄今为止,人们只编辑了莱布尼茨留下文件中的一小半,并以各种形式出版了这些整理过的文件。例如,2005 年 3 月,42 卷的莱布尼茨著作集得以出版。其中每一卷大约有 800 至 1000 页,即便这样,这部合集收录的文章也不到莱布尼茨全部作品的一半。有资料显示这套书从 1923 年就开始编撰了,一位学者估计,收录齐莱布尼茨全部作品的全集将达 110 卷。莱布尼茨的著作现在人们才仅仅整理了不到一半,据估计,再过十年人们也只能完成一半的工作量。

莱布尼茨为什么会留下数量如此惊人的作品?莱布尼茨几乎去过欧洲的各个地方,并以通信的方式与当时欧洲知识界众多学者保持紧密的交流。莱布尼茨几乎愿意和任何人通信。今天,莱布尼茨的许多信件都被翻译成了英文,并被整理成书正式出版。为了仔细研究莱布尼茨,我曾购买并读过许多这样的书籍。其中最有名的一本通信集是利罗伊 · 罗恩克翻译的,这本几百页的通信集收录了莱布尼茨许多重要的哲学文章和信件。另一本对我帮助很大的通信集是切尔德翻译的《早期数学手稿》。

除了以上这些主要材料的来源,还有几部莱布尼茨传记也对我的写作起到了很大的帮助。十九世纪,人们开始重新认识莱布尼茨的文章和信件的价值,这一时期突然出现了大量有关莱布尼茨的书籍和介绍文章。德国的古哈洛尔博士 1842 年写了一本重要的莱布尼茨传记,这本书是古哈洛尔对莱布尼茨大量原始论文进行深入研究后完成的。十九世纪中叶有人将古哈洛尔的著作翻译成英文,该译本生动流畅,值得一读。我还参考了约翰·弥尔顿·麦基的《戈特弗雷·威廉·冯·莱布尼茨的一生》,该书收录多封翻译成英文的莱布尼茨信件,我在写作时引用了其中的一部分。19 世纪中叶《爱丁堡评论》上的一篇对古哈洛尔著作的评论文章对我也有很大的帮助。

值得一提的是,在许多情况下,尤其是在一些年头较老的文献中,莱布尼茨的名字后都有一个字母"t"。牛顿、基尔和许多莱布尼茨同时代的人都喜欢在莱布尼茨的名字后加上字母"t",莱布尼茨死后,这种拼写方式在英语文献中沿用了一个多世纪。我更愿意采用没有字母"t"的拼写方式(Leibniz),为了避免混淆,在引用其他文献中的莱布尼茨名字时,统一都使用了不带"t"的拼写方法。

艾顿于 1985 年出版的《莱布尼茨》,从现代人的角度描述和解读了莱布尼茨的人生,它或许是对莱布尼茨的生活和作品分析得最精彩的一本英语著作了。让人感到奇怪的是,艾顿在书中并没有详细谈论有关微积分的争论,整个争论过程他只是简单地一笔带过。尽管如此,艾顿书中翔实的内容使我对莱布尼茨的性格有了深入的认识,并为我的写作提供了大量的宝贵素材。

还有其他一些莱布尼茨传记对我的写作也很有帮助。约瑟夫·E. 霍夫曼的《莱布尼茨在巴黎》对他在1672年至1676年的生活进行了详尽精彩的描述。另一本有趣的传记是罗斯的《莱布尼茨》,虽然篇幅小一些,但同样写得十分精彩。本森·梅兹的《莱布尼茨的哲学》和乔利的《剑桥莱布尼茨指南》也是不错的莱布尼茨传记。

除此之外,还有许多介绍莱布尼茨在其他领域的成就的书籍,但这些领域并不是本书关注的重点。例如,莱布尼茨有许多有趣的哲学、政治以及与中国有关的著作。但这些作品并不在我有限的叙述范围之内,本书讲述的主要是微积分战争。

牛顿和莱布尼茨之间的斗争是如此富有传奇色彩,以至于我看过的几乎所有传记关于此事的描述都是不完整的。有一些作家,例如艾顿,似乎有意地忽略了这场斗争。另一些作家,例如专为牛顿作传的作家维斯特福尔,对此则相当重视。霍尔的《哲学家的战争》从专业的角度对牛顿和莱布尼茨之间的纷争进行了精彩的分析,如果读者想要了解微积分战争中更多的细节,这本书会是个不错的选择。

这本书的写作极大增进了我对十七、十八世纪之交欧洲的了解，包括当时欧洲社会的政治历史总体状况和科学革命的进展。在圣地亚哥的公共图书馆，我花了许多个下午阅读大量与莱布尼茨有关的文献。我在本书的参考书目中列出了详细介绍那个时代历史背景的书籍。帮助我了解十七世纪其他数学家作品的还有著名学者卡尔·博耶尔的数学史著作。另外，对我了解汉诺威家族最有帮助的书是雷德曼的《汉诺威家族》和布莱克的《汉诺威人》。

今天人们普遍认为数学是一种纯理论的学科，只有运用到自然科学和社会科学中才有价值，莱布尼茨对数学的理解并不仅限于此，他认为数学是一种演示科学理论的工具，数学的发展潜力超出了一般人的想象。莱布尼茨认为，和艺术家创造伟大的艺术作品一样，将数字输入积分方程解决问题同样是一种艺术创作。他甚至认为还能用这种方法创作诗歌和音乐，“这是灵魂的算法，它不单纯是计算，而是一种表达。”虽然他没有深入研究微积分的其他功能，但莱布尼茨仍是向世人介绍微积分的第一人。

据我所知，我这本书是第一部详细介绍微积分战争全过程的通俗读物。

参考资料

Ainsworth, John H., *Paper: The Fifth Wonder.* Wisconsin (1959).

Aiton, E. J., *Leibniz: A Biography*. Bristol (1985).

Alexander, H.G., ed., *The Leibniz-Clarke Correspondence.* Manchester (1998).

Algarotti, Sig., *Sir Isaac Newton's Philosophy Explain'd for the Use of the Ladies, Translated from the Italian.* Original edition in Wren Library, Cambridge (1739).

Andrade, E. N. da C., *Sir Isaac Newton.* London (1954).

Barber, W. H., *Leibniz in France from Arnauld to Voltaire: A Study in French Reactions to Leibnizianism, 1670–1760.* Oxford (1955).

Benecke, Gerhard, *Germany in the Thirty Years War.* New York (1979).

Bertoloni-Meli, Domenico, *Equivalence and Priority: Newton Versus Leibniz.* Oxford (2002).

Birch, T., *The History of the Royal Society of London for Improving Knowledge from its First Rise.* London (1756).

Black, Jeremy, *The Hanoverians: The History of a Dynasty.* London (2004).

Boyer, Carl, *A History of Mathematics, Second Edition.* New York (1991).

Boyer, Carl, *The History of the Calculus and its Conceptual Development (The Concept of the Calculus).* New York (1959).

Brewster, Sir David, *Memoirs of the Life, Writings, and Discoveries of Sir Isaac Newton.* Edinburgh (1855).

Brown, Beatrice Curtis, *The Letters and Diplomatic Instructions of Queen Anne.* New York (1968).

Burrell, Sidney A., *Elements of Modern European History: The Main Strands of Development Since 1500.* Howard Chandler (1959).

Cairns, Trevor, *The Birth of Modern Europe.* Cambridge (1975).

Cajori, Florian, *A History of the Conceptions and Limits of Fluxions in Great Britian from Newton to Woodhouse.* Chicago (1919).

Cajori, Florian, "Leibniz, the Master Builder of Mathematical Notation" *Isis* 7, (1925), 412–429.

Cassirer, Ernst, "Newton and Leibniz." *The Philosophical Review, Volume 52*, 366–391 (1943).

Child, J.M., *The Early Mathematical Manuscripts of Leibniz*. Chicago (1920).

Clark, David, and Clark, Stephen P. H., *Newton's Tyranny: The Suppressed Scientific Discoveries of Stephen Gray and John Flamsteed*. New York (2001)

Cohen, I. Bernard, *Introduction to Newton's Principia*. Harvard (1999).

Cohen, I. B., and Westfall, R. S., ed., *Newton: A Norton Critical Edition*. New York (1995).

Cohen, I. B., "Newton's Copy of Leibniz's Theodicee: With Some Remarks on the Turned-Down Pages of Books in Newton's Library." *ISIS, 73*, 410–414 (1982).

Costabel, Pierre, *Leibniz and Dynamics*. Cornell (1973).

Craig, Sir John, *Newton at the Mint*. Cambridge (1946).

Davis, Martin, *The Universal Computer: The Road from Leibniz to Turing*. New York (2000).

Ditchburn, R. W., "Newton's Illness of 1692–3." *Notes and Records of the Royal Society of London, Volume 35*, 1–16, July (1980).

Durant, Will & Ariel, *The Age of Louis XIV*. New York (1963).

Durant, Will & Ariel, *The Age of Voltaire*. New York (1965).

Ede, Mary, *Arts and Society in England Under William and Mary*. London (1979).

Evans, R. J. W., "Learned Societies in Germany in the Seventeenth Century." *European Studies Review*, 7, 129–151 (1977).

Evelyn, John, *John Evelyn's Diary (Selections)*. Philip Francis, ed. London, (1965).

Fauvel, J., Flood, R., Shortland, M., and Wilson, R., *Let Newton Be! A New Perspective on his Life and Works*. Oxford (1988).

Feingold, Mordechai, *The Newtonian Moment*. New York/Oxford (2004).

Field, John, *Kingdom Power and Glory: A Historical Guide to Westminster Abbey*. London (2004).

Frankfurt, Harry G., ed., *Leibniz: A Collection of Critical Essays*. Notre Dame (1976).

Hall, A. Rupert, *All Was Light: An Introduction to Newton's Opticks*. Oxford (1995).

Hall, A. Rupert, *Isaac Newton: Adventurer in Thought*. Cambridge (1992).

Hall, A. Rupert, *Isaac Newton: Eighteenth Century Perspectives*. Oxford (1999).

Hall, A. Rupert, *Philosophers at War: The Quarrel Between Newton and Leibniz*. Cambridge (1980).

Hall, A. Rupert, *The Revolution in Science 1500–1750*. London (1989).

Hall, Marie Boas, *Nature and Nature's Laws*. New York (1970).

Hankins, Thomas L., "Eighteenth-Century Attempts to Resolve the *Vis viva* Controversy." *ISIS, 56*, 281–297 (1965).

Hofman, Joseph Ehrenfried, *Classical Mathematics: A Concise History of Mathematics in the Seventeenth and Eighteenth Centuries*. New York (1959).

Hofman, Joseph Ehrenfried, *Leibniz in Paris 1672–1676: His Growth to Mathematical Maturity*. Cambridge (1974).

Hollingdale, S. H., "Leibniz and the First Publication of the Calculus in 1684." *The Institute of Mathematics and its Application, Volume 21*, May/June (1985), 88–94.

Inwood, Stephen, *A History of London*. New York (1998).

Janiak, Andrew, ed., *Newton: Philosophical Writings*. Cambridge (2004).

Jolley, Nicholas, ed., *The Cambridge Companion to Leibniz*. Cambridge (1998).

Keynes, Milo, "Sir Isaac Newton and his Madness of 1692–93." *The Lancet*, March 8, (1980), 529–530.

Koyré, Alexandre, *From the Closed World to the Infinite Universe*. New York (1958).

Koyré, Alexandre, *Newtonian Studies*. Harvard (1965).

Koyré, Alexandre, and Cohen, I. Bernard, "Newton & the Leibniz-Clarke Correspondence with Notes on Newton, Conti & Des Maizeaux." *Archives Internationale d'Histoire des Sciences*, Volume 15, 63–126 (1962).

Langer, Herbert, *The Thirty Years' War*. New York (1978).

Leasor, James, *The Plague and the Fire*. New York (1961).

Leibniz, Gottfried Wilhelm, *Leibniz Selections*. Wiener, Philip P., ed. New York (1951).

Leibniz, Gottfried Wilhelm, *New Essays Concerning Human Understanding*. Alfred Gideon Langley, ed. Chicago (1994). Newport (1896).

Leibniz, Gottfried Wilhelm, *Writings on China*. D. Cook, and H. Rosemont, ed. Chicago (1994).

Lieb, Julian, and Hershman, Dorothy, "Isaac Newton: Mercury Poisoning or Manic Depression?" *The Lancet*, December 24/31 (1983), 1479–1480.

Loemker, Leroy E., *Gottfried Wilhelm Leibniz Philosophical Papers and Letters, Second Edition*. The Netherlands (1989).

Macaulay, Lord, *History of England*

Mackie, John Milton, *Life of Godfrey William von Leibnitz on the Basis of the German Work of Dr. G. E. Guhrauer*. Boston (1845).

Manuel, Frank E., *A Portrait of Isaac Newton*. Harvard (1968).

Mason, H. T., *The Leibniz-Arnauld Correspondence*, Manchester (1967).

Mates, Benson, *The Philosophy of Leibniz: Metaphysics & Language*. Oxford (1986).

Maury, Jean-Pierre, *Newton: The Father of Modern Astronomy*. New York (1992).

Moore, Cecil A., ed., *Restoration Literature: Poetry and Prose 1660–1700*, New York (1934).

Munck, Thomas, *Seventeenth Century Europe*. New York (1990).

Newton, Isaac, *The Correspondence of Isaac Newton, Volumes 1–7, 1661–1727*. Turnbull, Scott, Hall, and Tilling, ed. Caambridge, 1959–1977.

Newton, Isaac, *The Principia: Mathematical Principles of Natural Philosophy*. I.B. Cohen and Anne Whitman, ed. California (1999).

Newton, Sir Isaac, *Opticks or a Treatise of the Reflections, Refractions, Inflections, & Colours of Light* (Based on the Forth Edition). New York (1979).

Nussbaum, Frederick, *The Triumph of Science and Reason 1660–1685*. New York (1962).

Ogg, David, *England in the Reigns of James II and William III*. Oxford (1955).

Oldenburg, *The Correspondence of Henry Oldenburg Volume 9. 1672–1673*. Hall and Hall, ed. Wisconsin (1973).

Palter, Robert, ed., *The Annus Mirabilis of Sir Isaac Newton 1666–1966*. Cambridge, MA (1970).

Parker, Geoffrey, and Smith, Lesley, *The General Crisis of the Seventeenth Century*. New York (1978).

Parker, Geoffrey, "The 'Military Revolution,' 1560–1660—a Myth?" *Journal of Modern History 48*, 195–214, (1976).

Pepys, Samuel, *Passages from the Diary of Samuel Pepys*. Richard Le Gallienne, ed. New York (1923).

Ramati, Ayval, "Harmony at a Distance: Leibniz's Scientific Academies." *ISIS, 87*, 430–452 (1996).

Redman, Alvin, *The House of Hanover*. New York (1960).

Ross, G. MacDonald, *Leibniz*. Oxford (1986).

Ross, G. MacDonald, "Leibniz and the Nuremburg Alchemical Society." *Studia Leibnitania, Band VI, Heft 2* (1974).

Rowen, Herbert H., *A History of Early Modern Europe 1500–1815*. New York (1960).

Russell, Bertrand, *A Critical Exposition to the Philosophy of Leibniz*. London (1937).

Rutherford, Donald, "Demonstration and Reconciliation: The Eclipse of the Geometrical Method in Leibniz's Philopsophy." *Firenze*, (1996), Leo S. Olschki, ed. 181–201.

Rutherford, Donald, "Leibniz: I Volume 12 E 13. Dell'Edizione Dell'Accademia." *Il Cannocchiale Rivista Di Studi Filosofici N. 3*, Settembre-Dicembre (1992), 69–75.

Scriba, Christoph J., "The Inverse Method of Tangents: A Dialogue between Leibniz and Newton (1675–1677)." *Archive for History of Exact Sciences, Volume 2*, (1964).

Symcox, Geoffrey, *War, Diplomacy, and Imperialism, 1618–1783*. New York (1974).

Voisé, Waldemar, "Leibniz's Model of Political Thinking." *Organon 4*, 187–205 (1967).

Voltaire, *Ancient and Modern History, Volume Six*. New York (1901).

Voltaire, *Candide*. New York (1930).

Voltaire, *Letters Concerning the English Nation*. Nicholas Cronk, ed. Oxford (1999).

Westfall, Richard, *Never at Rest: A Biography of Isaac Newton*. Cambridge (1980).

Westlake, H.F., *The Story of Westminster Abbey*. London (1924).

White, Michael, *Isaac Newton The Last Sorcerer*. London (1998).

Whiteside, D. T., *The Mathematical Papers of Isaac Newton, Volumes I-VIII*. Cambridge (1968–1981).

Whiteside, D.T., The Mathematical Principles Underlying Newton's *Principia Mathematica. Journal for the History of Astronomy, i*, 116–138 (1970).

引用的其他作品

Address to the Masters, Fellows, and Scholars of Trinity College to a Conference in Jerusalem Commemorating the 300th Anniversary of the Birth of Isaac Newton. Original edition in Wren Library, Cambridge, dated February, 1943.

Calculating Machine. A display at the Niedersaechsische Landesbibliothek, Hanover Germany.

A Catalogue of the Portsmouth Collection of Books andd Papers Written by or Belonging to Sir Isaac Newton. Original edition in Wren Library, Cambridge. Cambridge (1888).

Commercium Epistolicum. A 1722 copy that exists in the Royal Society Library, London England.

Communication Made to the Cambridge Antiquarian Society No. XII. Cambridge (1892).

Leibniz Korrespondenz. Display at Leibnizhaus, Hanover, Germany.

Leibniz Reisen. Display at Leibnizhaus, Hanover, Germany.

Lowery, H., "Newton Tercentenary, 1642–1942." An original copy at the Royal Society of London reprinted from the *Dioptric Review and the British Journal of Physiological Optics, Volume 3*, 105–113.

Newton, Sir Isaac, *A Treatise of the Method of Fluxions and Infinite Series with its Application to the Geometry of Curve Lines*. Original edition in Wren Library, Cambridge (1737).

"Gottfried Wilhelm Freiherr von Leibnitz—Eine Biographie (Review)." *The Edinburgh Review, Volume LXXXIV, Number CLXIX*, July, (1846).

The Wren Library Trinity College Cambridge. Informational pamphlet dated April (2004).

译名对照表

（按照拼音首字母排列）

《1500 年至 1750 年的科学革命》 *The Revolution in Science*:1500—1750
阿道夫,古斯塔夫 Gustavus Adolphus
阿尔加罗蒂,弗朗西斯科 Francesco Algarotti
阿尔诺,安托万 Antoine Arnaud
阿基米德 Archimedes
埃斯泰家族 House of Este
《艾萨克·牛顿的肖像》 *Portrait of Isaac Newton*
艾顿 E. J. Aiton
《爱丁堡评论》 *Edinburgh Review*
安德拉德 Andrade
《奥格斯堡和约》 The Peace of Augsburg
奥登伯格,亨利 Henry Oldenburg
奥古斯特,恩斯特 Ernst August
奥兰治的威廉王子 Prince William of Orange
奥斯曼帝国 Ottoman Empire
巴顿,凯瑟琳 Catherine Barton
巴拉丁 Palatinate
巴罗,艾萨克 Isaac Barrow
班扬,约翰 John Bunyan

本德,范·德　Van de Bemde

比尼翁神父　Abbe Bignon

波义耳,罗伯特　Robert Boyle

伯恩斯托夫,冯　von Bernstorff

伯内特,托马斯　Thomas Burnet

伯努利,雅各布　Jacob Bernoulli

伯奇,托马斯　Thomas Birch

勃兰登堡　Brandenburg

博洛尼亚　Bologna

博耶尔,卡尔　Carl Boyer

博伊内伯格,约翰·克里斯蒂安·冯　Johann Christian von Boineburg

不来梅　Bremen

布尔哈夫,赫尔曼　Hermann Boerhaave

布莱克　Jeremy Black

布莱萨赫　Breisach

布鲁德沃斯,托马斯　Thomas Bludworth

布鲁斯特,大卫　David Brewster

策勒　Celle

查理六世　Charles VI

查理曼大帝　Charlemagne

查理一世　Charles I

查洛纳,威廉　William Challoner

楚诺,约翰·雅各布　Johann Jakob Chuno

达尔,迈克尔　Michael Dahl

达赫尔,约翰·迈克尔　Johann Michael Dilherr

大联盟　Grand Alliance

《代数学》　*Algebra*

《单子论》　*Mortadologie*

德莱顿　Dryden

德斯查理斯,克劳德·米里亚特　Claude Milliet Deschales

迪勒,尼古拉斯·法蒂奥·德　Nicolas Fatio de Duiller

笛卡尔,勒内　Rene Descartes

抵制介质　resisting Mediums

《对博学的约翰·柯林斯及其他相关者书信的研究》　*Commercium Epistoli-*

cum D. Johannis Collins et Aliorum de Analysi Promota
多萝西娅,索菲亚 Sophia Dorothea
二进制数学 binary mathematics
法尔兹,鲁普切特·冯·德尔 Ruprecht von der Pfalz
法切尔·德·凯瑞尔 L. A. Foucher de Careil
菲尼奥伯爵 Count Fenil
腓特烈大帝 Frederick the Great
腓特烈三世 Frederick III
费恩高德,莫迪凯 Mordechai Feingold
费马,皮埃尔 Pierre Fermat
《分析学》 *De Anaylsi*
弗拉姆斯蒂德,约翰 John Flamsteed
弗雷特,尼古拉 Nicolas Freret
弗里德里希,约翰 Johann Friedrich
弗里森涅戈尔,马洛斯 Mauros Friesenegger
高达德,乔纳森 Jonathan Goddard
《戈特弗雷·威廉·冯·莱布尼茨的一生》 *Life of Godfrey William von Leibnitz*
《格列佛游记》 *Gulliver's Travels*
格哈特 C. I. Gerhardt
格兰瑟姆 Grantham
格雷夫山德,威廉·雅各布 Willem Jacob Gravesande
格雷戈里,大卫 David Gregory
格雷戈里,詹姆斯 James Gregory
格罗特芬德 C. L. Grotefend
格威尔夫 Guelph
古哈洛尔 G. E. Guhrauer
古腾堡,约翰内斯 Johannes Gutenberg
《关于正交曲线》 "On the Quadrature of Curves"
《光学》 *Opticks*
光荣革命 glorious revolution
哈布斯堡 Habsburg
哈尔茨山脉 Harz Mountains
哈雷,爱德蒙 Edmond Halley

哈特辛格,彼得　Peter Hartzingk
《汉诺威家族》　*The House of Hanover*
《汉诺威人》　*The Hanoverians*
汉纳曼　Hanneman
汉诺威公爵　Duke of Hanover
《亨利·奥登伯格通信集》　*The Correspondence of Henry Oldenburg*
亨利八世　King Henry VIII
红衣主教马萨林　Cardinal Mazarin
胡德,约翰　Johann Hudde
胡格诺派教徒　Huguenot
胡克,罗伯特　Robert Hooke
华伦斯坦　Wallenstein
《怀疑的化学家》　*The Skeptical Chymist*
怀特塞德　D. T. Whiteside
辉格党　Whig
《回忆艾萨克·牛顿爵士的生活、写作及伟大成就》　*Memoirs of the Life, Writings and Discoveries of Sir Isaac Newton*
回文构词法　anagram
惠更斯,克里斯蒂安　Christian Huygens
惠斯顿,威廉　William Whiston
霍尔　A. R. Hall
霍夫曼　Joseph E. Hofman
基尔,约翰　John Keill
吉尔曼赛格夫人,德　Madame de Kilmansegg
《几何图形求积法》　*The Method of Determining the Quadratures of Figures*
加来　Calais
加罗　Gallois
《剑桥莱布尼茨指南》　*Cambridge Companion to Leibniz*
《剑桥牛顿指南》　*Cambridge Newton Companion*
《教师学报》　*cholarly Journal*
解决法案　Act of Settlement
卡瓦列里,博纳文图拉　Bonaventura Cavalieri
卡西尼,乔万尼　Giovanni Cassini
开普勒,约翰尼斯　Johannes Kepler

凯特兰神父　Abbe Catelan
康杜伊特，约翰　John Conduitt
柯尔特，让－罗伯特　Jean-Robert Choet
柯林斯，约翰　John Collins
柯尼希，萨缪尔　Samuel Konig
柯尼希斯马克，菲利普·冯　Philip Christopher von Konigsmarck
柯瓦雷，亚历山大　Alexander Koyré
科恩　I. B. Cohen
科汉斯基，亚当　Adam Kochanski
科内里奥　Cornelio
“克拉克—莱布尼茨通信”　Leibniz-Clarke Correspondence
克尔，约翰　John Ker
克拉克，塞缪尔　Samuel Clarke
克劳恩，威廉　William Crowne
克伦威尔，奥利佛　Oliver Cromwell
克洛普　O. Klopp
克什米尔，约翰　John Casimir
克斯兰德　Kersland
肯特　Kent
孔蒂神父　Abbe Conti
寇斯特，劳伦斯　Laurens Coster
拉夫逊，约瑟夫　Joseph Raphson
拉格朗日，约瑟夫－路易　Joseph Louis Lagrange
拉瑟，赫尔曼·安德鲁　Herman Andrew Lasser
《莱布尼茨—阿尔诺通信集》　*Arnaud – Leibniz Correspondence*
《莱布尼茨的哲学》　*The Philosophy of Leibniz*
《莱布尼茨在巴黎》　*Leibniz in Paris*
莱布尼茨，弗里德里希　Friedrich Leibniz
莱布尼茨，戈特弗里德·威廉　Gottfried Wilhelm Leibniz
莱茵兰—巴拉丁州　Rhineland-Palatinate
《老实人》　*Candide*
雷德曼　Alvin Redmane
雷恩，克里斯托弗　Christopher Wren
雷格劳德，弗朗西斯　Francois Regnauld

雷利,彼得　Peter Lely
雷穆斯　Remus
莉莉,威廉　William Lily
里奇斯坦,克里斯蒂安·哈伯斯·冯　Christian Habbeus von Lichtenstern
利明顿　Lymington
利明顿勋爵　Lord Lymington
利纳斯,弗朗西斯科斯　Franciscus Linus
列文虎克,安东尼·范　Antoni Van Leeuwenhoek
《流数的历史》　*History of Fluxions*
卢卡斯,亨利　Henry Lucas
路德维希,乔治　George Ludwig
路瓦,马奎·德　Marquis de Louvois
路易十四　Louis XIV
伦敦促进自然科学皇家学会　Royal Society for London for Improving Natural Knowledge
《论物体的运动》　*On the Movements of Bodies*
《论形而上学》　*Discourse on Metaphysics*
罗伯瓦尔,吉尔·佩尔索纳·德　Gilles Personne de Roberval
罗恩克,利罗伊　Leroy Loemker
罗慕路斯　Romulus
罗斯　G. MacDonald Ross
罗兹,塞西尔　Cecil Rhodes
洛必达侯爵　Marquis de L'Hopital
洛肯镇　Lutzen
洛林公爵　Duke of Lorraine
马尔皮基,马赛罗　Marcello Malpighi
玛丽二世　Queen Mary II
麦基,约翰·弥尔顿　John Milton Mackie
曼努埃尔,弗兰克　Frank E. Manuel
毛奇,冯　von Moltke
梅兹,本森　Benson Mates
美因茨　Mainz
门克,奥托　Otto Mencke
蒙顿,加布里埃尔　Gabriel Mouton

蒙塔古,查理 Charles Montague
蒙特莫特,皮埃尔·雷蒙德·德 Pierre Remond de Montmort
闵明我,克劳迪亚斯·菲利普 Claudius Philip Grimaldi
摩根,德 De Moivre
莫兰,塞缪尔 Samuel Morland
莫纳,埃利亚斯 Elias Moner
莫佩尔蒂,皮埃尔-路易·莫罗·德 Pierre Louis Moreau de Maupertuis
墨卡托,尼古拉斯 Nicholas Mercator
《奈梅亨条约》 The Treaty of Nijmegen
南海经济泡沫 South Sea Bubble
尼德萨克斯奇图书馆 Niedersachsische Landesbibliothek
尼尔,托马斯 Thomas Neale
尼兹里奥斯 Nizolius
《牛顿:18世纪的先知》 *Newton: Eighteenth Century Perspectives*
《牛顿时刻》 *The Newtonian Moment*
《牛顿数学论文集》 *The Mathematical Papers of Isaac Newton*
《牛顿数学原理导论》 *Introduction to Newton's Principia*
《牛顿通信集》 *The Correspondence of Issac Newton*
《牛顿在铸币厂》 *Newton at the Mint*
《牛顿主义》 *Newtonianism*
牛顿,艾萨克 Isaac Newton
牛顿,汉娜·艾斯库 Hannah Ayscough Newton
纽伯格 Neuberg
纽斯塔德特教堂 Neustädter church
帕蒂斯,伊格内修斯 Ignatius Pardies
帕萨迪纳市 Pasadena
帕斯卡,布莱兹 Blaise Pascal
帕兹 G. H. Pertz
佩蒂,威廉 William Petty
佩尔,约翰 John Pell
佩尔事件 The affair of Pell
佩里耶,艾蒂安 Etienne Perier
佩皮斯,塞缪尔 Sumuel Pepys
彭帕尼,西蒙·阿诺德·德 Simon Arnauld de Pomponne

皮勒特,托马斯　Thomas Pellet
朴茨茅斯家族　Portsmouth farmily
《普通算术》　*Arithmetica universalis*
普拉特伯爵夫人　Countess Platen
普拉西奥斯,文森特　Vincent Placcius
普林特森,冯　von Printzen
乔利　Nicholas Jolley
切恩,乔治　George Cheyne
切尔德　J. M. Child
清教徒　Puritan
琼斯,威廉　William Jones
《求极大极小值的新方法》　*New method for maxima and minima*
《曲线求积法》　Tractatus de Quadratura Curvarum
《权利法案》　Bill of Rights
《让牛顿来吧》　*Let Newton Be*
萨伏伊　Savoy
萨克森　Saxony
萨努托,马里奥　Marino Sanuto
三一学院　Trinity College
桑德森　Saunderson
沙皇彼得大帝　Czar Peter the Great
舍恩博恩,梅尔基奥・弗里德里希・冯　Melchior Friedrich von Schonborn
舍恩博恩,约翰・菲利普・冯　Johann Philipp von Schonborn
《深奥的几何与不可分量和无穷大的分析》　*On Recondite Geometry and the Analysis of Indivisibles and Infinities*
《神正论》　*Theodicy*
神圣罗马帝国　the Holy Roman Empire
施姆克,凯瑟琳娜　Cathanna Schmuck
史密斯,巴纳巴斯　Barnabas Smith
《世界的体系》　*System of the World*
《数的新科学》　"Essay D' une nouvelle science des nombres"
司鲁思,勒内・弗朗西斯・德　Rene Francois de Sluse
斯毕塔菲尔德　Spitalfields
斯隆,汉斯　Hans Sloane

斯涅尔定律　Snell's Refraction Law
斯特赖普，约翰　John Strype
斯图亚特，伊丽莎白　Elizabeth Stuart
所罗门　H. Sloman
索尔兹伯里主教　Salisbury
汤姆森，詹姆斯　James Thomson
特斯特林，亨利　Henri Testelin
《天主教的证明》　*Demonstrationes Catholicae*
托里切利，埃万杰利斯塔　Evangelista Torricelli
托马修斯，雅各布　Jacob Thomasius
威尔金斯，约翰　John Wilkins
威尔士王妃卡罗琳　Caroline, the Princess of Wales
威廉，菲利普　Philip William
威廉，乔治　George William
《微分学的历史和起源》　*The History and Origin of the Differential Calculus*
《微分元素》　elements of the differential calculus
韦格尔，埃哈德　Erhard Weigel
韦斯特福尔，理查德　Richard Westfall
文森特，格里高利·圣　Gregory St Vincent
沃德，塞斯　Seth Ward
沃尔芬比特尔　Wolfenbüttel
沃尔夫，克里斯蒂安　Christian Wolf
沃尔特，克里斯蒂安　Christina Walter
沃利斯，约翰　John Wallis
《乌德勒支和约》　Treaty of Utrecht
夏洛特，索菲　Sophie Charlotte
《显微图谱》　*Micrographia*
《向心力规律》　"The Laws of Centripetal Forces"
《学术杂志》　*Journal des Scavans*
雅布隆斯基　Jablonski
雅各比派　Jacobite
亚历山大八世　Pope Alexander VIII
亚历山大大帝　Alexander the Great
《一切都是光》　*All was light*

《英国皇家学会史》 *History of the Royal Society*
英诺森十一世 Pope Innocent XI
《永不停息》 *Never at Rest*
《用于理解曲线的无穷小分析》 *Analysis by Infinitely Small Quantitie*
《原态》 *Protogaea*
《早期数学手稿》 *Early Mathematical Manuscripts*
詹姆斯二世 King James II
詹姆斯一世 King James I
张伯伦，约翰 John Chambcriayne
《哲学家的战争》 *War in Philosophy*
《自然哲学的数学原理》 *Philosophiae Naturalis Principia Mathematica*
"最速降线"难题 problem of brachistochrone

读者联谊表

姓名：　　大约年龄：　　性别：　　宗教或政治信仰：

学历：　　专业：　　职业：　　所在市或县：

通信地址：　　邮编：

联系方式：邮箱________________QQ__________手机____________

所购书名：____________________在网店还是实体店购买：________

本书内容：满意　一般　不满意　本书美观：满意　一般　不满意

本书文本有哪些差错：

装帧、设计与纸张的改进之处：

建议我们出版哪类书籍：

平时购书途径：实体店　　网店　　其他（请具体写明）

每年大约购书金额：　　藏书量：　　本书定价：贵　不贵

您对纸质图书和电子图书区别与前景的认识：

是否愿意从事编校或翻译工作：　　愿意专职还是兼职：

是否愿意与启蒙编译所交流：　　是否愿意撰写书评：

此表平邮至启蒙编译所，可享受六八折免邮费购买启蒙编译所书籍。

最好发电邮索取读者联谊表的电子文档，填写后发电邮给我们，优惠更多。

本表内容均可另页填写。本表信息不作其他用途。

地址：上海顺昌路622号出版社转齐蒙老师收（邮编200025）

电子邮箱：qmbys@qq.com

启蒙编译所简介

启蒙编译所是一家从事人文学术书籍的翻译、编校与策划的专业出版服务机构，前身是由著名学术编辑、资深出版人创办的彼岸学术出版工作室。拥有一支功底扎实、作风严谨、训练有素的翻译与编校队伍。出品了许多高水准的学术文化读物，打造了启蒙文库、企业家文库等品牌，受到读者好评。启蒙编译所与北京、上海、台北及欧美一流出版社和版权机构建立了长期、深度的合作关系。经过全体同仁艰辛的努力，启蒙编译所取得了长足的进步，得到了社会各界的肯定，荣获“新京报2016年度致敬译者”“经济观察报2016年度致敬出版人”，初步确立了人文学术出版的品牌形象。

启蒙编译所期待各界读者的批评指导意见；期待诸位以各种方式在翻译、编校等方面支持我们的工作；期待有志于学术翻译与编辑工作的年轻人加入我们的事业。

联系邮箱：qmbys@qq.com

豆瓣小站：https://site.douban.com/246051/